Sammlung Göschen

Versicherungsmathematik

von

Dr. Alfred Loewy
a. o. Professor an der Universität Freiburg i. B.

Leipzig
G. J. Göschen'sche Verlagshandlung
1903

Druck von Carl Rembold in Heilbronn a. N.

Inhaltsverzeichnis.

Literatur.

G. Bohlmann, Lebensversicherungs-Mathematik in der Encyklopädie der mathem. Wissenschaften, Bd. I, S 852 bis 917. Leipzig (1901).

M. Cantor, Politische Arithmetik. Leipzig (1898). 2. Aufl. 1903.

E. Czuber, Wahrscheinlichkeitsrechnung und ihre Anwendung auf Fehlerausgleichung, Statistik und Lebensversicherung. Leipzig 1902/03. (Bd. 9 von Teubners Lehrbüchern der math. Wissensch.)

Institute of actuaries' textbook, part II, life contingencies by G. King. 2. Aufl. London 1902.

W. Karup, Theoretisches Handbuch der Lebensversicherung. 3. Aufl. Leipzig 1885.

C. Landré, Mathematisch-technische Kapitel zur Lebensversicherung. 2. Aufl. Jena 1901.

A. Zillmer, Die mathematischen Rechnungen bei Lebens- und Rentenversicherungen. 2. Aufl. Berlin 1887.

In dem vorliegenden Werkchen ist die an das Textbook des Institute of actuaries sich anschließende, auf dem zweiten internationalen Kongresse zu London eingeführte einheitliche Bezeichnung verwandt. Vgl. Transactions of the Second international Actuarial Congress (1898), S. 582—640.

Einleitung.

Eine Versicherung stellt eine wirtschaftliche Einrichtung dar, die es dem einzelnen ermöglicht, durch einmalige oder periodische Geldleistungen — Prämien — vorsorgliche Maßregeln für den Zeitpunkt des eventuellen Eintritts gewisser Ereignisse, die stets von Zufälligkeiten abhängig sein müssen und für den Versicherten eine Schädigung zur Folge haben können, zu treffen; die Leistung der Versicherten und die Gegenleistung des Versichernden sind dabei so festzusetzen möglich, daß sie sich bei einer hinreichend großen Zahl von Versicherten in einem entsprechend langen Zeitraum voraussichtlich ausgleichen[1].

Gegenstand einer Versicherung können entweder wirtschaftliche Güter und Vermögensinteressen oder Ereignisse im menschlichen Leben sein; demnach kann man die Versicherung einfach zweiteilen in:

1. Sach- und Vermögensinteressen-Versicherung,
2. Personal- oder Menschen-Versicherung.

Man versichert Gebäude, Geräte und Waren gegen Brand oder Explosion in der Feuerversicherung, gegen

[1] Diese Definition dürfte alle Versicherungsarten umfassen; sie ist eine Modifikation der von Adolf Wagner im Handbuch der politischen Ökonomie (2,2) von Schönberg im Artikel „Versicherungswesen" gegebenen Definition. Vgl. auch O. v. Boenigk, Wesen, Begriff und Einteilung der Versicherung vom ökonomischen Standpunkt: Zeitschrift f. d. gesamte Staatswissenschaft, herausgegeben von A. Schäffle, 51. Jahrgang (1895).

Schaden infolge Bruches der Wasserleitung in der Versicherung gegen Wasserleitungsschäden, die Gemarkung gegen die Gefahr des Hagels in der Hagelversicherung, das Vieh gegen die Seuchengefahr und die Tötung infolge von Unbrauchbarwerden in der Viehversicherung, das Schiff und seine Ladung gegen die Gefahren der Seefahrt in der Seeversicherung, Güter gegen die ihnen beim Transport im Binnenverkehr drohenden Gefahren in der Landtransportversicherung — eine Abart derselben ist die Postwertversicherung —; Glas, vorzüglich die großen Spiegelscheiben der Verkaufsläden werden gegen Zerbrechen in der Glasversicherung versichert.

Die aufgeführten Versicherungszweige haben es mit Sachen, die an ihrer Substanz Beschädigungen erleiden, zu tun. Wer in einer Haftpflichtversicherung gegen Ersatzpflichten, die er anderen Personen gegenüber zu leisten in die Lage kommen kann, Deckung sucht, sieht seine Vermögensinteressen möglicherweise bedroht. Etwas Ähnliches findet statt, wenn eine Versicherungsgesellschaft, der nach dem Umfang ihres Geschäftes eine bei ihr für irgend welche Zwecke versicherte Summe zu groß erscheint, einen Teil des Risikos bei einer anderen Versicherungsgesellschaft versichert oder, wie man sagt, eine Rückversicherung eingeht. Zum Schutze der Vermögensinteressen dienen auch die Versicherungen gegen Kursverluste bei Auslosungen von Wertpapieren sowie die Versicherungen gegen Veruntreuungen.

Von den Versicherungszweigen, welche die Menschen betreffen, führen wir zunächst die Invaliditäts-, die Unfall- und die Krankenversicherung an. Bei diesen verpflichtet sich die Versicherungsgesellschaft dem Versicherten im Falle der Invalidität, bei Eintritt gewisser Unfälle, etwa auf Reisen oder im Fabrikbetriebe, sowie während Krankheit Vergütigungen zu gewähren. Es verdient noch hervorgehoben zu werden, daß im Deutschen Reiche infolge der deutschen Arbeiterversicherungsgesetzgebung für die Arbeiter und die ihnen sozial und wirtschaftlich nahestehenden Personenklassen obligatorische Kranken-, Unfall-, Alters- und Invaliditätsversicherung besteht.

Bei den angegebenen Personenversicherungen spielen noch andere Momente als der Tod eines Menschen eine Rolle; ihnen gegenüber stehen die verschiedenen Arten der Lebensversicherung, bei denen die einzige in Frage kommende Zufälligkeit die Länge der zu erreichenden Lebensdauer des Versicherten ist. Von den mannigfachen Gattungen des Lebensversicherungsgeschäftes, das entweder Kapitalversicherungen auf eine einmalig von der Versicherungsanstalt zu zahlende, im voraus vertragsmäßig festgesetzte Summe oder Rentenversicherungen auf bestimmte, wiederholt zu zahlende Beträge zum Zweck hat, heben wir hier nur die einfache Leibrentenversicherung, die einfache Versicherung auf den Todesfall, die gemischte Versicherung und die Erlebensversicherung hervor. Bei der Leibrentenversicherung übernimmt das Versicherungsinstitut, dem Versicherten von einem gewissen Zeitpunkt an, zumeist lebenslänglich, in gewissen Zeitabschnitten wiederkehrend, die gleiche, vertragsmäßig festgesetzte Summe zu zahlen. Bei der einfachen Versicherung auf den Todesfall, auch eigentliche Lebensversicherung genannt, hat die Versicherungsgesellschaft einmalig bei dem Tode des Versicherten an seine Erben eine gewisse, vertragsmäßig festgesetzte Summe zu zahlen. Bei der gemischten Versicherung, der heute in Deutschland gebräuchlichsten Lebensversicherungsform, wird die versicherte Summe spätestens bei Vollendung eines im Vertrage festgesetzten Lebensalters und bei früherem Ableben bald nach dem Tode des Versicherten ausgezahlt. Bei der Erlebensversicherung erhält der Versicherte nur dann die versicherte Summe ausgezahlt, wenn er ein gewisses Lebensalter erreicht.

Fragen wir uns: Warum geht jemand derartige Versicherungen ein? Wer seinen Erben bei seinem Tode ein gewisses Kapital hinterlassen will, tritt nur deswegen einer Lebensversicherung bei, weil er den Zeitpunkt seines Todes nicht kennt und weil er auf diese Art die wirtschaftliche Benachteiligung, die sein frühzeitiger Tod für seine Erben bedeutet, gutmachen will. Wer sich gegen Zahlung einer einmaligen Prämie von einer Versicherungsanstalt für die Dauer seines Lebens eine alljährlich zur Auszahlung gelangende Leibrente sichert, würde es nicht tun, wenn er wüßte, früher als der Durchschnitt seiner Altersgenossen zu sterben. Eine Erlebensversicherung schließt gewiß niemand ab, der hofft, vor Erreichung jenes Lebensalters zu sterben, an dem er die versicherte Summe ausgezahlt erhalten soll.

Zwischen den Lebensversicherungsarten und den übrigen Versicherungen bestehen wesentliche Unterschiede: bei den einen kommt die Versicherungssumme nur bei wirklichem Verlust oder Schaden zur Auszahlung; die anderen beziehen sich auf Fälle, deren Eintritt nur schädlich sein kann. Ein früher Tod ist ein wirtschaftlicher Nachteil; tritt aber der Tod eines Versicherten erst in höherem Lebensalter ein, so hat die Versicherung auf den Todesfall nicht ihren eigentlichen Zweck, einen wirtschaftlichen Schaden wettzumachen, erfüllt. Die meisten Versicherungen betreffen Fälle, die bei dem einzelnen nie einzutreten brauchen; hingegen ist der Tod einem jeden sicher, und die Sterbensgefahr wächst mit dem zunehmenden Lebensalter; es fragt sich nur, zu welchem Zeitpunkt der Tod bei dem einzelnen eintritt.

Unentbehrliche Grundlage für die mathematische Behandlung einer Versicherung sind statistische Unterlagen; sie haben den Zweck, den Verlauf einer großen Anzahl derartiger Ereignisse, wie sie für den betreffenden Versicherungszweig in Frage kommen, aus der Vergangenheit möglichst genau zu beschreiben. Um Leistung und Gegenleistung von Versichertem und Versicherndem mathematisch zu bestimmen, legt man die aus der Vergangenheit gesammelten Erfahrungstatsachen der Rechnung zu Grunde und vertraut dabei, daß die Zukunft nicht wesentlich von der Vergangenheit abweichen wird. Man versucht also von dem vergangenen Geschehen auf künftige, noch unbekannte Tatsachen eine Prophezeiung auszuführen; allerdings kann und soll sich dieselbe nur auf das Geschehen im allgemeinen bei einer großen Zahl von Fällen und genügend ausgedehntem Beobachtungsgebiete beziehen.

Ohne statistisches Material keine mathematische Behandlung von Versicherungen! Für eine Reihe von Versicherungszweigen existiert kein oder nur sehr ungenügendes statistisches Material; die Versicherungsanstalt ist sich selbst nicht der Höhe des zu übernehmenden Risikos bewußt. Leistung und Gegenleistung von Versichertem und Versicherndem richten sich dann häufig nur nach den Tarifen der Konkurrenz.

Der besten statistischen Grundlagen erfreut sich das Lebensversicherungsgeschäft; denn von allen Massenerscheinungen — nur gegen solche können Versicherungen abgeschlossen werden — ist wohl die Sterblichkeit der Menschen am längsten und eingehendsten wissenschaftlich beobachtet worden. Die älteste als wissenschaftlich konstruiert zu bezeichnende Sterblichkeitstafel verdankt man dem berühmten englischen Astronomen Edmund Halley (1656—1742); sie erschien 1693 und ist auf Grund der Toten- und Geburtslisten der Stadt Breslau für den Zeitraum 1687—1691 hergestellt[1]. Heute dienen den Lebensversicherungsgesellschaften infolge langer Tätigkeit eigene große Erfahrungen über Sterblichkeit, die wissenschaftlich verarbeitet sind, bei ihren Geschäften als Richtschnur.

Auch die guten und in langer Praxis wohlbewährten mathematischen Berechnungen gerade des Lebensversicherungsgeschäftes verdienen hervorgehoben zu werden. Schon 1671 berechnete der holländische Staatsmann Jean de Witt[2] den Barwert einer lebenslänglichen Leibrente; er nahm, um eine Grundlage für seine Berechnungen zu gewinnen, eine hypothetische Verteilung der Todesfälle nach dem Alter an. 1724 übergab der berühmte Mathematiker Abraham de Moivre ein Büchlein „Annuities upon lives“ dem Drucke, in dem auch schon der Wert verbundener Leibrenten berechnet wird.

Vom mathematischen Standpunkte sind auch die Versicherungen auf das Leben interessanter als die Sachversicherungen. Eine Sachversicherung läßt sich innerhalb eines Jahres abwickeln; für dasselbe Wohnhaus bezahlt man, wenn man es in einer Feuerversicherung zu verschiedenen Zeiten auf je ein Jahr in derselben Höhe versichert und die Versicherungsanstalt

[1] Vgl. J. Grätzer, Edmund Halley und Caspar Neumann. 1883. M. Cantor, Vorlesungen über Geschichte der Mathematik. Bd. III, S. 45. Leipzig 1898. H. Westergaard, Die Lehre von der Mortalität und Morbilität. 2te Aufl. Jena 1901, S. 34.

[2] Vgl. Cantor und Westergaard a. a. O., S. 42 bez. S. 33.

nicht überhaupt gerade ihre Tarife in der Zwischenzeit verändert hat, die gleiche Prämie. Die Versicherungsanstalt, welche gegen Brand versichert, wird in verschiedenen Jahrgängen bei gleichem Umfang des Geschäftes, wenn sie nur groß genug ist, annähernd dieselbe Summe für Brandschäden zu zahlen haben, wie man nach dem Gesetz der großen Zahlen annehmen darf. Hingegen handelt es sich z. B. bei der Todesfallversicherung um ein auf die ganze Lebensdauer des Menschen sich erstreckendes Geschäft. Will eine Person eine Todesfallversicherung eingehen, so hängt die Höhe ihrer Leistungen bei genau derselben Versicherungssumme von ihrem Lebensalter ab; die Sterbenswahrscheinlichkeit eines jeden Menschen steigt, abgesehen vom frühesten Kindesalter, mit wachsendem Alter. Soll nun von dem Versicherten lebenslänglich alljährlich die gleiche Prämie bezahlt werden, so muß die Versicherungsanstalt, um ihrer Verpflichtung nachkommen zu können, die Höhe der Einnahme mit Rücksicht darauf, daß sie die Sterbesumme sicher einmal bezahlen muß und sie es mit einem nicht konstanten, sondern von Jahr zu Jahr wachsenden Risiko zu tun hat, festsetzen; hieraus ergibt sich, wie wir sehen werden, die den Versicherungen mit von Jahr zu Jahr veränderlichem Risiko eigentümliche Prämienreserve, welche die Lebensversicherungsanstalt bilden muß.

Mit Rücksicht auf ihr höheres mathematisches Interesse, ihre Bedeutung für die Praxis, sowie auch den uns zur Verfügung stehenden Raum werden hier ausschließlich die verschiedenen Arten von Lebensversicherungsgeschäften behandelt werden; bei ihnen allein kann man, wenn man von den auf ähnlichen Prinzipien beruhenden Unfall-, Kranken- und Invaliditätsversicherungen absieht, auch eigentlich nur von einer Versicherungsmathematik sprechen.

Den Ruhm, die Riesenhaftesten ihres Geschlechtes zu sein, beanspruchen die amerikanischen Lebensversicherungsgesellschaften: Equitable, Mutual und New York. Bei ihnen allein waren am 1. Januar 1902 sechszehn Milliarden Mark versichert, ihre Prämienreserven, d. h. der gegenwärtige Wert aller in Kraft befindlichen Versicherungen, betrug nach der Bescheinigung des Newyorker Staatsversicherungsamtes 3 300 793 881 Mk. Gegenüber diesen riesenhaften Summen erscheinen unsere deutschen, soliden Lebensversicherungsgesellschaften zwerghaft. Bei keiner der sechs größten deutschen Lebensversicherungsanstalten: Germania (Stettin), Gothaer Lebensversicherungsbank für Deutschland, Karlsruher Versorgungsanstalt, Leipziger L.-V.-Gesellsch., Stuttgarter Lebensvers. und Ersparnisbank, und Victoria in Berlin war eine Milliarde Mk. versichert. Im Deutschen Reiche existierten im Jahr 1900, abgesehen von Sterbekassen mit nur lokaler Bedeutung, die auf geringe Beträge versichern, 61 Lebensversicherungsanstalten; bei ihnen war am 31. Dezember 1900 ein Kapital von 8 002 815 000 Mk. und eine Jahresrente von 19 977 000 Mk. versichert[1].

Das Versicherungswesen ist in verschiedenen Staaten durch besondere Gesetze geregelt. Für das Deutsche Reich sind die Versicherungsanstalten dem Reichsge-

[1] Die obigen Zahlen sind der Arbeit „Zur Statistik der deutschen Lebensversicherungs-Gesellschaften im Jahre 1900“ (Vierteljahrshefte zur Statistik des Deutschen Reiches, Berlin, 1901, IV) entnommen. Statistische Angaben über die deutschen Lebensversicherungen findet man sonst noch in „Zustand und Fortschritte der deutschen Lebensversicherungsanstalten“ (Jena, seit 1894 jährlich selbständig, früher Suppl. zu den Jahrb. f. Nationalökonomie u. Statistik), J. Neumanns Jahrbuch f. d. deutsche Versicherungswesen, u. a.

setze über die privaten Versicherungsunternehmungen vom 12. Mai 1901 unterworfen[1]. Vom mathematischen Standpunkte ist besonders der § 11 dieses Gesetzes hervorzuheben; er lautet: „Der Geschäftsplan einer Lebensversicherungsunternehmung hat die von ihr angenommenen Tarife sowie die Grundsätze für die Berechnung der Prämien und Prämienreserven vollständig darzustellen, namentlich auch den anzuwendenden Zinsfuß und die Höhe des Zuschlags zur Nettoprämie anzugeben. Auch ist anzugeben, ob und in welchem Maße bei der Berechnung der Prämienreserve eine Methode angewandt werden soll, nach welcher anfänglich nicht die volle Prämienreserve zurückgestellt wird, wobei jedoch der Satz von 12½ per Mille der Versicherungssumme nicht überschritten werden darf. Die als Grundlage der Berechnungen dienenden Wahrscheinlichkeitstafeln, insbesondere über die Sterblichkeit und die Invaliditäts- und Krankheitsgefahr, sind beizufügen.

„Für jede Versicherungsart (Versicherung auf den Lebensfall — auf den Todesfall, Kapitalversicherung — Rentenversicherung u. s. w.) sind die zur Berechnung der Prämien und der Prämienreserven dienenden Formeln vorzulegen und durch ein Zahlenbeispiel zu erläutern."

„Sollen auch Versicherungen mit erhöhter Prämie übernommen werden, so ist in dem Geschäftsplane ferner anzugeben, ob und nach welchen Grundsätzen

[1] Von der Literatur über das Gesetz sei nur erwähnt: Die Aufsicht des Reichs und der deutschen Bundesstaaten über die privaten Versicherungsunternehmungen, das Reichsgesetz vom 12. Mai 1901 nebst Abdruck der zugehörigen Gesetze m. der Vollzugsverordnung, erläutert von H. v. Knebel-Doeberitz. Erster Band des Werkes „Das private Versicherungswesen in Preussen" von H. v. Knebel-Doeberitz und Dr. H. Broecker. Berlin 1902.

hierfür eine besondere Prämienreserve gebildet werden soll."

Die Beaufsichtigung aller im Deutschen Reiche wirkenden Versicherungsanstalten, welche Versicherungsvereine auf Gegenseitigkeit oder Aktiengesellschaften sein müssen, führt das Kaiserliche Aufsichtsamt für Privatversicherungen mit dem Sitze in Berlin. Zu seinen Aufgaben gehört nach § 83 des Reichsversicherungsgesetzes auch die Veröffentlichung[1] jährlicher Mitteilungen über den Stand der seiner Aufsicht unterworfenen Versicherungsunternehmungen sowie über seine Wahrnehmungen auf dem Gebiete des Versicherungswesens. Von amtlichen ausländischen Berichten über Versicherungsunternehmungen verdient besonders der seit 1886 alljährlich erscheinende „Bericht des eidgenössischen Versicherungsamts über die privaten Versicherungsunternehmungen in der Schweiz" wegen seines überaus reichen, populär gehaltenen Inhalts hervorgehoben zu werden; derselbe wird von jedem, der sich für Versicherungswesen interessiert, mit größtem Interesse und Nutzen gelesen werden.

Über das Verhältnis des Versicherungswesens zur Wissenschaft mögen noch die folgenden Angaben dienen: Schon im Jahre 1848 wurde von den englischen Versicherungsmathematikern, „Aktuaren", das Institute of actuaries begründet; sein Zweck ist die wissenschaftliche Pflege der Lebensversicherungsmathematik. Sein seit 1850 erscheinendes Journal, sein in zweiter Auflage vorliegendes Textbook (siehe Literatur), die seiner Anregung zu verdankenden Sterblichkeitstafeln aus den Erfahrungen von 20 englischen Lebensversicherungsgesellschaften

[1] Titel „Veröffentlichungen des Ksl. Aufsichtsamts f. Privatversicherung." 2. Jahrg. 1903.

(1869) — 1843 war schon in England eine Sterblichkeitstafel auf Grund der Erfahrungen von 17 englischen Lebensversicherungsgesellschaften erschienen — sind in Versicherungskreisen berühmt. Nach dem Vorbild dieses Instituts, das 1884 durch königlichen Freibrief zu einer öffentlichen Anstalt erhoben wurde, entstanden in vielen Ländern, so in Holland, Frankreich, Amerika, Japan[1] u. s. w., ähnliche Vereine. Infolge Anregung auf den internationalen Kongressen der Aktuare, die 1895 in Brüssel und 1898 in London stattfanden, — der jüngste tagte 1900 in Paris —, konstituierte sich 1899 auch ein deutscher Verein für Versicherungswissenschaft, welcher „die rechts- und wirtschaftswissenschaftlichen, wie die mathematischen und naturwissenschaftlichen Wissenszweige, deren Bestand und Fortbildung dem Versicherungswesen dienlich sind,“ fördern will. Seit 1901 veröffentlicht dieser Verein die „Zeitschrift für die gesamte Versicherungswissenschaft“.

In Deutschland war übrigens schon auf Anregung des bekannten Versicherungstechnikers Dr. Zillmer im Jahre 1868 ein wissenschaftlicher Verein für Lebensversicherungswesen, „das Kollegium für Lebensversicherungswissenschaft zu Berlin“, begründet worden. Als seine wichtigste Aufgabe sah dasselbe die Herstellung von Sterblichkeitstafeln aus den eigenen Erfahrungen der deutschen Lebensversicherungsunternehmungen an; bis dahin waren zumeist englische Tafelwerke benützt worden. Nachdem das geplante bedeutsame Werk 1883 mit einem Kostenaufwande von über 54000 Mk., von den Druckkosten abgesehen, unter dem Titel „Deut-

[1] In diesem neuesten Kulturlande, dessen erste Lebensversicherung 1881 begründet wurde, gab es 1899 auch schon 88. (Ztschr. f. d. ges. Versicherungswissensch., Bd. I, S. 17.)

sche Sterblichkeitstafeln aus den Erfahrungen von dreiundzwanzig Lebensversicherungsgesellschaften, veröffentlicht im Auftrage des Kollegiums für Lebensversicherungswissenschaft zu Berlin" erscheinen konnte, hörte das Kollegium zu bestehen auf. Das von ihm herausgegebene Journal hat nur zwei Jahre (1870 und 1871) bestanden. Die Verdienste, welche sich das Kollegium um die deutschen Lebensversicherungsgesellschaften erworben hat, gehen am besten daraus hervor, daß seine Sterblichkeitstafeln nach einem Berichte der „Berliner Börsenzeitung" vom 23. Oktober 1902 Ende 1901 unter 45 dort aufgeführten großen deutschen Lebensversicherungsgesellschaften von 30 und nach dem eidg. Bericht von 4 schweizerischen Anstalten für ihre Versicherungen auf den Todesfall als Rechnungsgrundlagen benützt wurden. Das angeführte Werk, welches wir, wie üblich, als 23 D. G. citieren werden, enthält zuerst den von W. Lazarus verfaßten Arbeitsplan mit einer ausgezeichneten Auseinandersetzung über die Methode der Abfassung von Sterblichkeitstafeln aus den Erfahrungen von Lebensversicherungsgesellschaften; hierauf folgt die Verarbeitung des Materials für die im Werke abgedruckten Sterblichkeitstafeln, zum Schluß die von Dr. Zillmer berechneten ausgeglichenen Tabellen, von denen für die Praxis besonders wichtig sind:

M I., hergestellt aus Beobachtungen an 341 744 normal versicherten Männern mit vollständiger ärztlicher Untersuchung,

W I., hergestellt aus Beobachtungen an 121 606 normal versicherten Frauen mit vollständiger ärztlicher Untersuchung,

M u. W I., hergestellt aus den gemeinsamen Beobachtungen

an 341744 Männern und 121606 Frauen, die normal nach vollständiger ärztlicher Untersuchung versichert waren,

M III., hergestellt aus Beobachtungen an 114894 mit unvollständiger ärztlicher Untersuchung versicherten Männern (Sterbekassenversicherung),

W III., hergestellt aus Beobachtungen an 122558 mit unvollständiger ärztlicher Untersuchung versicherten Frauen,

M u. W III., hergestellt aus gemeinsamen Beobachtungen an 114894 Männern und 122558 Frauen, die nach unvollständiger ärztlicher Untersuchung versichert waren.

I. Kapitel.

Zins.

Die Versicherungsunternehmungen haben mit der finanziellen Verwaltung von Geldern während längerer Zeiträume zu tun. Wir müssen uns daher mit der Verzinsung von Geld beschäftigen.

Für die leihweise Überlassung von Geld ist es Usus, dem Verleiher eine Entschädigung, genannt Zins, zu zahlen. Als Gründe für diesen von Aristoteles damit bekämpften Gebrauch, daß das Geld von Natur aus unfruchtbar und daher nicht zur Erzeugung von Geld geeignet sei, kann man angeben, daß der Entleiher das Geld produktiv verwerten kann, der Kapitalist das Geld während der Leihzeit entbehrt, und daß in dem Zins eine Entschädigung für früher geübte Enthaltsamkeit liegt.

Die Höhe des Zinses gibt man im kaufmännischen

Leben in % (Prozenten) an. Eine Summe ist zu π% ausgeliehen, bedeutet: für 100 Mk. sind am Schlusse des Jahres π Mk. an Leihgebühren zu zahlen. Für die folgenden Rechnungen soll ausnahmslos der wirkliche Zinsfuß, d. h. diejenige Summe, welche zu Ende des Jahres als Leihgebühren für das Kapital 1 (die Geldeinheit) zu zahlen ist, verwendet werden. Der wirkliche Zinsfuß soll ausnahmslos mit i bezeichnet wer-
(I) den (I). Es ist also $i = \pi/_{100}$; das Kapital ist zu 100 i % ausgeliehen. Steht das Kapital zu 3%, bez. 3½%, 4%, so ist $i = 0{,}03$ bez. 0,035, 0,04.

Die Bildung des Zinsfußes hängt wie jede Preisbildung überhaupt von Nachfrage und Angebot ab. Der große Mathematiker C. F. Gauß (1777—1855) in Göttingen, welcher die dortige Professorenwitwenkasse in mustergültiger Weise neuordnete, berichtet in seinem Gutachten, daß die Kasse 1794 Gelder sicher nur zu 3% unterbringen zu können rechnete; 1799 hob sich der Zinsfuß auf 4%, etwas später auf 5% (Gauß, Ges. Werke, IV, 148). 1845 war der Zinsfuß für die Gelder der Kasse niedriger als 4% (ebenda S. 158). Die zukünftige Höhe des Zinsfußes ist uns unbekannt. Wie die Erfahrung gelehrt hat, folgte dem Fallen des Zinsfußes häufig ein Steigen, wenn durch neue Bedürfnisse frische Geldmittel erforderlich wurden. Ob die von Gauß citierte Ansicht des badischen Finanzministers Nebenius: „Einer Periode größerer Regsamkeit in produktiven Unternehmungen, die das Sinken des Zinsfußes eine Zeitlang aufhält, folgt um so gewisser rasches Sinken des Zinsfußes“, richtig ist, ist fraglich. Infolge unserer Unkenntnis des künftigen Zinsfußes wird man daher, wie es Gauß a. a. O. S. 158 ausdrückt, verlangen müssen, „daß jede vom Zinsfuß wesentlich abhängige Anstalt, wenn sie nicht für eine durchaus unsichere gelten soll, nicht auf dem augenblicklich bestehenden, sondern auf einem etwas niedrigeren Zinsfuß basiert werden muß". Die Rechnungsgrundlagen für das Lebensversicherungsgeschäft sind daher unter Zugrundlegung eines Zinsfußes, der unbeschadet einer soliden Anlage des Geldes nach unserem heutigen Wissen voraussichtlich sicher nicht nur zur Zeit, sondern auch in den nächsten Jahren bis zum Ablaufe der betr. Versicherungsverträge erzielt werden wird, zu wählen. Die deutschen Lebensversicherungsanstalten benützen zur Zeit einen Zinsfuß von 3%, $3\frac{1}{4}$% oder $3\frac{1}{2}$% als Grundlage; die wirklich erreichte Verzinsung für die Ausleihungen betrug im Jahre 1901 bei 34 Unternehmungen im Durchschnitt 4,13%[1].

Wenn der Zinsfuß für die Rechnungen einer Lebensversicherungsunternehmung auch im Einklang mit den zur Zeit herrschenden Anschauungen nach bestem Wissen gewählt war, so wird doch bei Änderung des wirklich erzielten Zinses eine technische Revision nötig, und es ist daher bezüglich der rechnungsmäßigen Grundlagen Wachsamkeit nötig, indem man von Zeit zu Zeit prüfen muß, ob sie noch vorsichtig der Wirklichkeit entsprechen. In den Jahren 1886—1892 mußten von 25 in der Schweiz konzessionierten Lebensversicherungsanstalten 21 zu einem niedrigeren Zinsfuße für die Berechnung ihrer Prämien und Prämienreserven übergehen[2].

Ist ein Kapital S zum wirklichen Zinsfuß i auf ein

---

[1] Zustand und Fortschritte der deutschen Lebensversicherungsanstalten im Jahre 1901, S. 71.

[2] Ber. d. eidgenöss. Versicherungsamtes über das Jahr 1892, S. V und VII.

Jahr ausgeliehen, so bringt es, da die Einheit i an Zinsen trägt, S. i an Zinsen und ist mit seinen Zinsen zu der Summe:

$$S_1 = S + S.i = S(1+i) \qquad (1)$$

angewachsen. Leiht man die so gewonnene Summe S_1 nochmals auf ein Jahr zum wirklichen Zinsfuß i aus, so wächst sie mit ihren Zinsen zu:

$$S_2 = S_1(1+i) = S(1+i)(1+i) = S(1+i)^2$$

an. Fährt man so fort, so findet man:

Ein Kapital S ist am Schlusse von n Jahren, wenn es zu 100 i % oder zum wirklichen Zinsfuße i ausgeliehen war und auch der Zins jedes Jahr zu demselben Zinsfuße verzinslich angelegt war, durch Zinseszins zu:

$$S_n = S(1+i)^n \qquad (2)$$

angewachsen. Man nennt S_n das nach n Jahren aus S entstehende Endkapital. Die Größe $1+i$ wird als Aufzinsungsfaktor bezeichnet. Setzt man in der Formel (1) für $S = 1$, so ergibt sich: Der Aufzinsungsfaktor ist diejenige Summe, zu der die Einheit nach Verlauf eines Jahres angewachsen ist.

Durch Formel (2) läßt sich das ursprüngliche Grundkapitel oder, wie man auch sagt, der Barwert S aus der Summe S_n finden, zu welcher der Barwert S nach n Jahren mit Zins und Zinseszins angewachsen ist. Aus (2) folgt:

$$S = \frac{S_n}{(1+i)^n}. \qquad (3)$$

(II) Wir setzen $\frac{1}{1+i} = v$ (II). Man nennt v den Diskontierungs- oder Abzinsungsfaktor. Setzt man in (3) für $n = 1$, $S_1 = 1$, so sieht man, v ist der Barwert derjenigen Summe, die in einem Jahre mit ihren Zinsen zur Einheit anwächst. Unter Benützung von (II) wird die Formel (3):

$$S = S_n v^n. \qquad (4)$$

Wir haben also den Satz: Beträgt ein Kapital nach n Jahren mit Zins und Zinseszins S_n, so findet man seinen Barwert, indem man S_n mit der nten Potenz des Diskontierungsfaktors v multipliziert.

$$\text{Bei } 3\% \text{ Zinsen ist } i = 0{,}03,\ v = \frac{1}{1{,}03},$$

$$\text{bei } 3\tfrac{1}{2}\% \text{ ist } i = 0{,}035,\ v = \frac{1}{1{,}035}.$$

Es gibt Hülfstafeln, welche die Potenzen von v für die verschiedenen in praxi vorkommenden Werte des v angeben. Einer solchen Tafel entnehme ich $\frac{1}{1{,}035^{50}} = 0{,}1790534$. Um in 50 Jahren 100000 Mk. zu haben, muß man also 17905,34 Mk. zu $3\frac{1}{2}\%$ auf Zinseszins anlegen.

II. Kapitel.

Sterblichkeitstafeln.

§ 1. Wesen und Herstellung der Sterblichkeitstafeln.

Für den technischen Aufbau jeder Lebensversicherung ist eine Sterblichkeitstafel notwendig. Eine Sterblichkeitstafel in einfachster Form ist eine tabellarische Übersicht, welche darüber Aufschluß erteilt, wieviel Personen aus einer bestimmten großen (willkürlich gewählten) Grundmasse Gleichaltriger noch das nächste, übernächste Lebensjahr u. s. w. erleben; sie berichtet, in welcher Weise eine Anzahl gleichaltriger Personen von Jahr zu Jahr abstirbt. Man sollte eine solche Tafel eigentlich euphemistisch und auch treffender als eine Tafel der Überlebenden bezeichnen.

Der große französische Mathematiker Laplace (1749—1827) sagt in seinem Essai philosophique des probabilités (1814): „Die Herstellung einer Sterblichkeitstafel ist sehr einfach. Man entnimmt den Geburts- und Todesregistern eine große Anzahl von Kindern, verfolgt sie während ihres ganzen Lebenslaufes, indem man bestimmt, wie viele von ihnen am Ende eines jeden Jahres noch leben, und schreibt die so gewonnene Zahl immer neben das zugehörige Jahr.“ Nach der erwähnten Methode hat man eine gewisse große, wirklich existierende Grundmasse l_0 Neugeborener von der Wiege bis zum Grabe zu beobachten und die Reihe von Zahlen:

(III) $$l_1, l_2, l_3 \; . \; . \; . \; . \qquad \text{(III)}$$

zu notieren, welche die Anzahl von Individuen angeben, die von den Nulljährigen ihren ersten, zweiten, dritten, u. s. w. Geburtstag feiern. Für die Konstruktion einer Sterbetafel nach dieser direkten Methode sind zwei Möglichkeiten vorhanden: entweder man verfolgt genaue Zivilstandregister eines verflossenen Jahrhunderts, oder man ist erst 100 Jahre nach Anlegung der Tafel im stande, sie zu vollenden. Sieht man selbst von der ungemein schweren Durchführbarkeit dieser direkten Methode ab, so gibt sie wegen der großen Wanderungen im Verlauf von 100 Jahren, die sie nicht berücksichtigen kann, auch kein richtiges Bild von der Sterblichkeit höherer Altersklassen. Empfehlenswert ist diese direkte Methode, um Bruchstücke einer Sterblichkeitstafel, wie z. B. für die ersten 25 Lebensjahre (Sterblichkeitstafeln für Kinderausstattungen), zu erhalten.

Wenn irgend eine Sterblichkeitstafel vorliegt, soll im folgenden stets mit l_x die Anzahl von Personen, die aus der anfänglichen Grundmasse ihren xten Geburtstag erlebt haben, bezeichnet werden; man sagt auch, l_x (IV) ist **die Anzahl der Lebenden des Alters x.** (IV) Die Zahl l_{x+1} gibt also an, von den l_x Personen des Alters x erleben noch l_{x+1} den $x+1$ten Geburtstag. Hat man eine Sterblichkeitstafel, so sind die Zahlen $l_x, l_{x+1}, \ldots$ der Natur der Sache nach eine Reihe durch Beobachtung zu findender positiver Zahlen, von denen keine folgende größer als eine voraufgehende sein kann. Ist ω (V) die höchste Anzahl von (V) Jahren, welche von Personen der beobachteten Grundmasse völlig durchlebt werden, so ist $l_{\omega+1} = 0$. Bildet man für jeden möglichen Wert des x die Differenz $l_x - l_{x+1}$, die wir ausnahmslos mit d_x bezeichnen, $d_x = l_x - l_{x+1}$ (VI), so hat man in d_x die Anzahl der- (VI) jenigen Personen, die im Alter von x bis $x+1$ Jahren verstorben sind.

Es ist offenbar $d_\omega = l_\omega$ (5) und

$$d_x + d_{x+1} + d_{x+2} + \ldots + d_\omega = l_x \quad (6).$$

Es verdient noch hervorgehoben zu werden, daß nicht jede Sterblichkeitstafel notwendig mit dem Alter 0 anfangen muß. Die am Schlusse abgedruckte Tafel 23 D. G. M u. WI fängt mit dem Alter 17 an; es ist nach ihr $l_{17} = 102\,787$, von den 17 jährigen 102 787 Personen erlebten $l_{18} = 101\,878$ den 18ten Geburtstag; es starben daher im Alter von 17 bis 18 Jahren $d_{17} = 909$. Für die angegebene Tafel ist $\omega = 89$.

Hat man eine Sterblichkeitstafel, so kann man für jedes Alter den Quotienten $\frac{d_x}{l_x}$, den wir ausnahmslos mit q_x bezeichnen, bilden. Man nennt $q_x = \frac{d_x}{l_x}$

(VII) (VII) die **Sterbenswahrscheinlichkeit des x-jährigen.** Dieser Begriff verdient eine nähere Erörterung und verlangt ein Eingehen auf die Begriffe der Wahrscheinlichkeitsrechnung.

Hängt das Eintreten irgend eines Ereignisses von gewissen Möglichkeiten ab, die sich als gleichmöglich erweisen, und von denen die einen den Eintritt des erwarteten Ereignisses zur Folge haben (günstige Möglichkeiten), die anderen das Eintreffen des Ereignisses vereiteln, so versteht man unter der **mathematischen Wahrscheinlichkeit** des Ereignisses einen Bruch, der die Zahl der günstigen Fälle zum Zähler, die Zahl aller möglichen Fälle zum Nenner hat. Denken wir uns eine Urne mit r roten und s schwarzen Kugeln, so ist die mathematische Wahrscheinlichkeit für das Ziehen einer roten Kugel $\frac{r}{r+s}$; denn von den $r+s$ Möglichkeiten sind für das Ziehen einer roten Kugel r Möglichkeiten günstig. Damit $\frac{r}{r+s}$ tatsächlich die begründete Erwartung für das Ziehen einer roten Kugel sein soll, dürfen, was hervorgehoben zu werden verdient, weder für das Ziehen einer roten noch einer schwarzen Kugel irgend welche begünstigende Umstände vorhanden sein; es dürfen also z. B. die Kugeln nicht etwa in der Urne ungleichmäßig vermischt sein, sondern dieselben müssen in allen Teilen der Urne gleichmäßig verteilt sein.

Betrachten wir das Sterben bei den l_x Personen unserer Sterblichkeitstafel im Verlaufe des auf ihren

$x$ten Geburtstag folgenden Jahres! Ein Teil der Personen wird vor Erreichung des Alters von $x+1$ Jahren sterben, ein Teil erlebt den $x+1$ten Geburtstag. In jedem einzelnen Fall hätte man von vornherein an dem $x$ten Geburtstage der l_x Personen unserer Sterblichkeitstafel nichts darüber angeben können, ob eine beliebig ausgewählte der l_x Personen, über die nichts weiter als ihr x-jähriges Lebensalter bekannt ist, im Laufe ihres $x$ten bis $x+1$ten Lebensjahres sterben würde. Die Sterblichkeitstafel berichtet nun, von den beobachteten l_x Personen sind im Alter von x bis $x+1$ Jahren d_x gestorben. Daher kommt man dazu, den Quotienten $\frac{d_x}{l_x}$ als die Sterbenswahrscheinlichkeit des x-jährigen unserer Sterbetafel im Verlaufe des nächsten Jahres anzusehen. Hier hat man eine Wahrscheinlichkeitsbestimmung, die den Tatsachen nachträglich entnommen wird. Bei der Bildung des Quotienten $\frac{d_x}{l_x}$ ist zu beachten, daß für jede der l_x Personen unserer Tabelle das Sterben im nächsten Jahre von Anfang an nicht gleichwahrscheinlich war; unsere l_x Individuen sind nicht gleichberechtigt wie die Kugeln bei dem Zufallspiele des Ziehens aus einer Urne. Zwar hängt das Sterben in einer Gesamtheit gleichaltriger Personen sicherlich von gewissen konstanten Bedingungen, die für alle gleich sind, ab; aber dasselbe ist doch durchaus individuell verschieden und bei jeder einzelnen Person eine Folge ihrer Körperkonstitution, ihrer Gesundheitsverhältnisse, ihrer Ernährung, ihrer Lebensweise, ihres Berufes u. s. w. Man kann daher nicht einem einzelnen wohlbestimmten Individuum von x Jahren unserer Sterblichkeitstabelle die Sterbenswahrscheinlichkeit $q_x =$

$\frac{d_x}{l_x}$ für den Verlauf seines nächsten Lebensjahres beilegen; für den auf dem Totenbett liegenden x-jährigen war sie nahezu gleich 1, für die vom Arzt an ihrem xten Geburtstage sorgsam untersuchte und völlig gesund erklärte Person unserer Sterblichkeitstafel war die Sterbenswahrscheinlichkeit q_x an ihrem Geburtstage nahezu gleich 0 zu setzen. Wenn einzelne Individua, die zur Konstruktion der Sterblichkeitstafel dienten, bekannt sind, so darf man nicht etwa schließen, daß die berechtigte Erwartung für den Tod jenes bestimmten fünfzigjährigen Mannes, der mit als Material für die Sterblichkeitstafel verwandt wurde, innerhalb seines fünfzigsten bis einundfünfzigsten Lebensjahres $\frac{d_{50}}{l_{50}}$ war; der angegebene Quotient ist nur in formaler Analogie mit der Wahrscheinlichkeitsrechnung gebildet, in ihm ist nur die Sterbenswahrscheinlichkeit oder die Sterbensgefahr zu sehen, in welcher die Leute der Altersklasse der Fünfzigjährigen unserer Sterblichkeitstafel, wenn man von ihrer Individualität absehen könnte, im Laufe ihres fünfzigsten bis einundfünfzigsten Jahres schwebten.

Ebenso wie man die Sterbenswahrscheinlichkeit q_x des Alters von x Jahren betrachtet, hat man auch die *Lebenswahrscheinlichkeit* des *x-jährigen*, die wir mit p_x bezeichnen wollen, eingeführt. Von l_x Personen des Alters von x Jahren erleben nach unserer Sterblichkeitstafel noch l_{x+1} ihren $x+1$ten Geburtstag. Die Wahrscheinlichkeit des x-jährigen unserer Sterblichkeitstafel, seinen $x+1$ten Geburtstag zu

(VIII) erleben, ergibt sich mithin: $p_x = \frac{l_{x+1}}{l_x}$ (VIII).

Es ist $q_x = \frac{d_x}{l_x} = \frac{l_x - l_{x+1}}{l_x} = 1 - p_x$ (7).

Hat man die Werte des q_x, so ist nach (7) p_x zu finden und umgekehrt. Je größer die Lebenswahrscheinlichkeit des Alters x, desto geringer seine Sterbenswahrscheinlichkeit! Über p_x kann man natürlich analoge Bemerkungen wie über q_x machen.

Man kann auch die Wahrscheinlichkeit, daß eine x-jährige Person noch nach n Jahren lebt oder ihren $x+n$ten Geburtstag feiert, einführen; sie ist $\frac{l_{x+n}}{l_x}$. Man setzt ${}_np_x = \frac{l_{x+n}}{l_x}$ (IX). Die Wahrscheinlichkeit (IX) für den x-jährigen, im Laufe der nächsten n Jahre zu sterben, ist $\frac{l_x - l_{x+n}}{l_x} = 1 - {}_np_x$; denn von l_x Personen erleben nur l_{x+n} den $x+n$ten Geburtstag, also sterben $l_x - l_{x+n}$. Die Wahrscheinlichkeit für eine x-jährige Person, im Alter von $x+n$ bis $x+n+1$ Jahren zu sterben, ist $\frac{d_{x+n}}{l_x}$; denn von l_x Personen starben d_{x+n} im Alter von $x+n$ bis $x+n+1$ Jahren.

Man setzt $\frac{d_{x+n}}{l_x} = {}_{n|}q_x$.

Wir knüpfen unsere weiteren Betrachtungen an die Sterbenswahrscheinlichkeit q_x. Wir werden sehen, daß je nach dem Zweck, welchem die Sterblichkeitstafel dienen soll, zur Bestimmung des q_x verschiedenes Menschenmaterial verwandt wird. Angenommen, aus einem einheitlichen Material seien für die Altersklassen der i, $i+1$, $i+2$, . . . i'-jährigen auf irgend welche Art und Weise die Sterbenswahrscheinlichkeiten q_i,

q_{i+1}, q_{i+2}, ... $q_{i'}$ durch Beobachtung gewonnen, so wählen wir dann willkürlich eine ganze positive Zahl A_i und nehmen eine fingierte, abstrakte Grundmasse von i-jährigen Personen $l_i = A_i$ an; von dieser willkürlich gewählten Anzahl $l_i = A_i$ Personen setzen wir voraus, sie seien im Laufe ihres nächsten Lebensjahres derselben Sterbegefahr ausgesetzt, wie sie das beobachtete q_i für diejenigen i-jährigen Personen, durch deren Beobachtung es gewonnen wurde, angibt. Erleben aus der fingierten Grundmasse von l_i Personen l_{i+1} ihren i+1ten Geburtstag, so muß infolge unserer Annahme

$$\frac{l_i - l_{i+1}}{l_i} = q_i \text{ oder } l_{i+1} = l_i\,(1-q_i) \text{ sein.} \qquad (8)$$

Seien die l_{i+1} Personen im Verlaufe ihres i+1ten bis i+2ten Lebensjahres der Sterbegefahr ausgesetzt, wie sie q_{i+1} für die i+1-jährigen Personen, durch deren Beobachtung es erhalten wurde, angibt, so wird:

$$\frac{l_{i+2} - l_{i+1}}{l_{i+1}} = q_{i+1} \text{ oder } l_{i+2} = l_{i+1}\,(1-q_{i+1})$$

und mit Rücksicht auf (8): $l_{i+2} = l_i\,(1-q_i)\,(1-q_{i+1})$.

Fährt man so fort, so hat man:

$$l_{i'+1} = l_i\,(1-q_i)\,(1-q_{i+1})\,(1-q_{i+2})\,\ldots\,(1-q_{i'}).$$

Setzt man $l_i = A_i$, für A_i wählt man gewöhnlich eine runde Zahl, etwa 100000, und nimmt $i = 0$, so hat man in:

$$A_0,\ A_0\,(1-q_0),\ A_0\,(1-q_0)\,(1-q_1),$$
$$A_0\,(1-q_0)\,(1-q_1)\,(1-q_2),$$
$$A_0\,(1-q_0)\,(1-q_1)\,(1-q_2)\,(1-q_3),\ \ldots$$

eine vollständige Sterbetafel gewonnen.

Die angewandte Methode ist eine indirekte; die Grundmasse A_0, aus der man sich die Überlebenden hervorgegangen denkt, sind nur eine ideelle Grundmasse Nulljähriger, die willkürlich angenommen wurde;

aus dem Grundstock sind die Überlebenden durch die für die einzelnen Altersklassen beobachteten Sterbenswahrscheinlichkeiten rechnerisch hergeleitet worden[1]. Den beobachteten Sterbenswahrscheinlichkeiten ist hierbei eine dauernde Gültigkeit über das Personenmaterial hinaus, aus dem sie empirisch gewonnen wurden, beigelegt worden. Die indirekte Methode ist heute zur Herstellung von Sterblichkeitstafeln allein gebräuchlich; sie erfordert die Kenntnis der Sterbenswahrscheinlichkeit q_x für die einzelnen Altersklassen. Über die Berechnung des q_x soll der nächste § handeln.

§ 2. Berechnung der Sterbenswahrscheinlichkeit.

Zur Bestimmung der Sterbenswahrscheinlichkeit q_x hatten wir die Gleichung:

$$q_x = \frac{d_x}{l_x}. \qquad \text{(VII)}$$

Damit wir annehmen können, daß q_x ein von der Individualität der einzelnen Personen des Alters x nahezu unabhängiges Resultat darstellt, also gewissermaßen die Sterbenswahrscheinlichkeit der Altersklasse der x-jährigen ist, muß q_x auf Grund der Beobachtung einer *sehr großen* Anzahl l_x von Individuen gewonnen werden. Jede dieser l_x Personen ist von ihrem xten Geburtstage an ein Jahr unter Beobachtung zu halten; hierdurch bestimmt man die von den l_x Personen im Alter von x bis x + 1 Jahren verstorbenen d_x Personen und findet dann q_x.

---

[1] Vgl. die interessanten Ausführungen von G. v. Mayr, Bevölkerungsstatistik (6. Bd. des Handbuches des öffentlichen Rechtes). Freiburg i. B. 1897. S. 245. Czuber, die Entwicklung der Wahrscheinlichkeitstheorie und ihrer Anwendungen. Jahresbericht d. deutschen Mathematikervereinigung Bd. 7, S. 225. Leipzig 1899.

Es wird gewöhnlich nicht möglich sein, jede Person einer großen Anzahl ein Jahr lang zu beobachten, sondern manche der zu beobachtenden Individuen werden dem Gesichtskreise des Beobachters entschwinden, andere werden hinzutreten. Bezeichnen wir mit A_x die an ihrem xten Geburtstage unter Beobachtung tretenden Personen; zu diesen anfänglich ins Auge gefaßten Personen mögen im Laufe der Beobachtungszeit B_x Personen des Alters von x bis $x+1$ Jahren hinzutreten, ferner mögen C_x Personen des Alters von x bis $x+1$ Jahren aus dem zu beobachtenden Kreise der $A_x + B_x$ Personen noch bei Lebenszeiten austreten, so daß der Beobachter von ihnen nicht weiß, ob sie den $x+1$ten Geburtstag erlebt haben oder nicht; schließlich bedeute m_x die Anzahl der Todesfälle im Alter von x bis $x+1$ Jahren unter den beobachteten Personen während der Zeit, in der eine jede Person beobachtet wurde. In den m_x Todesfällen sind also sowohl solche, welche den A_x Personen, als auch solche, welche den B_x Personen während ihrer Beobachtungszeit, die kein ganzes Jahr umfaßt, entstammen, enthalten. Ferner enthält aber m_x auch nicht sämtliche Todesfälle, welche im Alter von x bis $x+1$ Jahren unter den $A_x + B_x$ Personen eintraten, vielmehr fehlen diejenigen der C_x Personen, die vor Erreichung des Lebensalters von $x+1$ Jahren sich der Beobachtung entzogen haben. Um den Veränderungen des Personenkreises Rechnung zu tragen, könnte man jeden Zu- und Austretenden nur nach Verhältnis des Jahresbruchteiles, während dem er beobachtet wurde, als lebenden x-jährigen in seinem Einfluß auf die Anzahl m_x der Todesfälle betrachten. Hierin liegt die Annahme, daß in gleichen Zeitteilen eines Jahres gleichviele Personen im Alter von x bis x + 1 Jahren sterben. Um den fraglichen Jahresbruchteil der Beobachtungszeit nicht für jeden einzelnen Ein- und Austretenden berechnen zu müssen, nimmt man gewöhnlich an, daß die Ein- und Austritte gleichmäßig erfolgten und also eine jede der B_x und C_x Personen durchschnittlich ein halbes Jahr beobachtet wurde. Die Ein- und Austretenden sind dann bei unserer Annahme der gleichmäßigen Verteilung der Todesfälle auf die einzelnen Teile des Jahres wie $\frac{B_x}{2}$ bez. $\frac{C_x}{2}$ Personen in Rechnung zu ziehen; die m_x Verstorbenen sind aus der Anzahl $A_x + \frac{B_x}{2} - \frac{C_x}{2}$ Personen hervorgegangen zu denken. Die Formel (VII) ergibt sich hiernach modifiziert als:

$$q_x = \frac{m_x}{A_x + \frac{B_x - C_x}{2}} \qquad (9).$$

Will man q_x nach Formel (9) aus der Bevölkerung eines ganzen Landes bestimmen, so wird dies möglich sein, wenn man kennt:

(1) vermöge einer Volkszählung die Anzahl aller lebenden Personen am Schluß eines Kalenderjahres, nach Geburtsjahren geordnet,

(2) durch die Todesregister aus dem der Volkszählung voraufgehenden und folgenden Kalenderjahre die Anzahl aller Todesfälle, sowohl nach Altersjahren wie nach Geburtsjahren geordnet.

Es sei z. B. durch eine am 31. Dezember 1901 stattgefundene Volkszählung die Anzahl L_{1876}^{1901} aller im

Alter von 25—26 Jahren lebenden Personen der Bevölkerung eines Landes bekannt, diese Personen sind sämtlich 1876 geboren. Addiert man zu der durch die Volkszählung gefundenen Zahl L_{1876}^{1901} alle 1876 geborenen Personen, die nach dem Todesregister des Landes im Laufe des Jahres 1901, fünf- bis sechsundzwanzig Jahre alt, im Lande verstorben sind[1] — ihre Anzahl sei $D_{25-26,\ 1876}^{1901}$ —, so hat man ausschließlich Personen, die 1901 ihren fünfundzwanzigsten Geburtstag erlebt haben. Alle diese Personen stehen nicht während ihres ganzen 25—26ten Lebensjahres unter Beobachtung; denn in $L_{1876}^{1901} + D_{25-26,\ 1876}^{1901}$ ist auch die Differenz der 1901 in das Land eingewanderten weniger ausgewanderten Personen, die 1876 geboren sind, in Rechnung gezogen. Um q_{25} zu finden, ist diese Differenz in Formel (9) nur halb zu verrechnen; mithin ist von $L_{1876}^{1901} + D_{25-26,\ 1876}^{1901}$ die halbe Differenz der 1901 im Alter von 25—26 eingewanderten weniger ausgewanderten Personen, die 1876 geboren sind, zu subtrahieren. Es ist aber ferner noch, um den Nenner von (9) zu finden, die halbe Differenz der im Jahre 1902 im Alter von 25—26 Jahren eingewanderten weniger ausgewanderten Personen, die 1876 geboren sind, zu dem gefundenen Ausdruck zuzuaddieren; denn die Beobachtung muß sich auch auf 1902 erstrecken, wo auch noch 1876 geborene Personen im Alter von 25 bis

---

[1] Man muß beachten, daß 1901 auch 1875 geborene, im Alter von 25—26 Jahren stehende Personen sterben, ein- und auswandern; ebenso sterben im Jahre 1902, wandern ein und aus Personen, die 1877 geboren sind und zur Zeit des Todes, der Ein- und Auswanderung im Alter von 25—26 Jahren stehen. Diese Personen kommen sämtlich bei der Bildung von q_{25} nicht in Frage.

26 Jahren sterben. Wir nehmen nun für die zwei aufeinanderfolgenden Kalenderjahre gleichmäßige Verteilung der Zu- und Abwanderungen an, dann werden sich der zu subtrahierende und zu addierende Teil tilgen. Der Nenner wird bei q_{25} auf der rechten Seite der Formel (9) einfach lauten: $L_{1876}^{1901} + D_{25-26,\,1876}^{1901}$. Der Zähler m_{25} wird offenbar durch Addition aller nach den Todesregistern im Alter von 25—26 Jahren im Jahre 1901 wie 1902 verstorbenen, im Jahre 1876 geborenen Personen gefunden.

$$q_{25} = \frac{D_{25-26,\,1876}^{1901} + D_{25-26,\,1876}^{1902}}{L_{1876}^{1901} + D_{25-26,\,1876}^{1901}}.\text{[1]}$$

Hat man verschiedene Volkszählungen, etwa am 31. Dezember 1895 und am 31. Dezember 1901, zur Verfügung, so wird man q_{25} durch die Formel: $q_{25} = \frac{D_{25-26,\,1876}^{1901} + D_{25-26,\,1876}^{1902} + D_{25-26,\,1870}^{1895} + D_{25-26,\,1870}^{1896}}{L_{1876}^{1901} + D_{25-26,\,1876}^{1901} + L_{1870}^{1895} + D_{25-26,\,1870}^{1895}}$ bestimmen können; die Bedeutung der D und L ist durch die Indices klar. In der soeben angegebenen Formel hat man ebenso wie in der voraufgehenden Formel im Nenner eine Summe von Personen, welche das 25ste Lebensjahr überschritten haben, im Zähler die Summe derjenigen dieser Personen, die vor Vollendung ihres 26sten Lebensjahres gestorben sind. Daß die Personen, welche das 25ste Lebensjahr überschritten haben, bei der letzten Formel in zwei verschiedenen Jahren 1870 und 1876 geboren angenommen wurden,

[1] Vgl. Becker, Zur Berechnung von Sterbetafeln an die Bevölkerungsstatistik zu stellende Anforderungen, Formel (31). Congrès international de statistique à Budapest. 1876. A. a. O. findet man auch die Literatur angegeben.

ist belanglos; denn zur Bestimmung von q_x brauchen die Personen nicht alle demselben Jahrgange zu entstammen. Sollten die Personen in drei oder mehr verschiedenen Jahren geboren sein, so ist genau analog zu verfahren.

Die so eben geschilderte Methode wurde im wesentlichen — es fand noch eine Korrektur wegen der nicht gleichmäßig erfolgten Zu- und Wegzüge statt — bei der Herstellung der deutschen Sterbetafel, gegründet auf die Sterblichkeit der Reichsbevölkerung in den 10 Jahren 1871/72 bis 1880/81, angewandt[1]. Man kann diese Methode natürlich auch verwenden, wenn man die Sterbenswahrscheinlichkeiten von Personen, die bei einer Lebensversicherungsgesellschaft versichert waren, finden will.

Bei der Herstellung der Sterblichkeitstafeln 23 D. G. (vgl. p. 18) wurde auch die Formel (9) angewandt. Unter A_x verstand man dabei alle diejenigen Personen, welche jemals an ihrem xten Geburtstage bei einer der 23 beteiligten Lebensversicherungsanstalten von deren Eröffnung bis zum 31. Dezember 1875 (bei einer Gruppe Versicherter bis 31. Dez. 1870) versichert gewesen waren. B_x bedeutete alle diejenigen Personen, die jemals im Alter von x bis x + 1 Jahren nach Erreichung ihres xten Lebensjahres einer der Versicherungsanstalten beigetreten waren. C_x bedeutete alle diejenigen Personen, die je im Alter von x bis x + 1 Jahren lebend aus dem Versicherungsverhältnis ausgeschieden waren. Unter diese Ausgeschiedenen war

[1] Diese deutsche Sterbetafel ist nebst Vergleichungen mit anderen Sterbetafeln und mit Angabe der Art ihrer Berechnung veröffentlicht in den Monatsheften zur Statistik des deutschen Reiches. 1887. Novemberheft.

es nötig, alle bei dem Termin der Zusammenstellung der Daten am 31. Dezember 1875 (bezw. am 31. Dezember 1870) im Alter von x bis $x+1$ Jahren befindlichen lebenden, bei den Versicherungsanstalten noch versicherten Personen mitzurechnen; denn diese letzteren Personen waren ja von ihrem x ten Geburtstage an kein ganzes Jahr unter Beobachtung, und es waren daher damals ja auch nicht sämtliche im Alter von x bis $x+1$ Jahren aus ihnen stammende Todesfälle bekannt. Schließlich bedeutete bei 23 D. G. in Formel (9) m_x alle jemals im Alter von x bis $x+1$ Jahren als Versicherte bei irgend einer der Anstalten verstorbenen Personen[1].

Will man die Sterbenswahrscheinlichkeiten q_x auf Grund eines gegebenen Personenmaterials, das nur ein Kalenderjahr beobachtet werden soll, bestimmen — solche Angaben findet man bisweilen in Berichten von Versicherungsanstalten —, so hat man es mit einem „künstlichen Problem der Sterblichkeitsmessung" zu tun und „solch ein künstliches Problem in exakter Weise lösen wollen, ist in der Lehre von der Sterblichkeit, was in der Geometrie die Quadratur des Kreises ist"[2]. Man kann in diesem Fall nie nur den wirklichen Sachverhalt angeben, sondern muß Fiktionen, die verschiedenartig sein können, einführen. Sei z. B. q_x aus den Erfahrungen einer Versicherungsanstalt an allen bei ihr vom 1. Januar 1902 bis 31. Dezember 1902 Versicherten zu finden, so kann man alle in Frage

---

[1] Vgl. auch E. Roghé, Geschichte und Kritik der Sterblichkeitsmessung bei Versicherungsanstalten. Supplement XVIII der Jahrbücher f. Nationalökonomie u. Statistik. Jena 1891.

[2] v. Bortkiewicz, Sterblichkeit und Sterblichkeitstafeln im Handwörterbuch der Staatswissenschaften.

kommenden Personen, welche 1902 ihren x ten Geburtstag feiern (diese sind in demselben Kalenderjahre geboren), als wenn sie ausnahmslos am 1. Januar 1902 ihren x ten Geburtstag begehen, ansehen. Wir fingieren hier Personen als gleichaltrig, die am Neujahrstage 1902 sogar um ein Jahr in ihrem Alter differieren können. Bezeichnen wir mit $A_x^{(1902)}$ alle diejenigen Personen, die im Jahre 1902 ihren x ten Geburtstag begehen und bereits am 1. Januar 1902 bei der Versicherungsanstalt versichert waren, mit $B_x^{(1902)}$ bez. $C_x^{(1902)}$ alle diejenigen Personen, welche 1902 ihren x ten Geburtstag begehen und sich im Laufe des Jahres 1902 bei der Versicherungsanstalt versichern bez. aus dem Versicherungsverhältnis lebend ausscheiden, schließlich mit $m_x^{(1902)}$ alle 1902 als Versicherte bei der Anstalt gestorbenen Personen, die 1902 x Jahre alt wurden oder hätten werden können, dann wird die Formel (9) übergehen in:

$$q_x = \frac{m_x^{(1902)}}{A_x^{(1902)} + \frac{B_x^{(1902)} - C_x^{(1902)}}{2}}. \quad (10)$$

Bedeutet $A_{x+1}^{(1903)}$ alle bei der Anstalt am 1. Jan. 1903 versicherten Personen, die 1903 ihren x + 1ten Geburtstag begehen, so ist offenbar

$$A_{x+1}^{(1903)} = A_x^{(1902)} - m_x^{(1902)} + B_x^{(1902)} - C_x^{(1902)}.$$

Daher wird

$$B_x^{(1902)} - C_x^{(1902)} = A_{x+1}^{(1903)} + m_x^{(1902)} - A_x^{(1902)},$$

und die Formel (10) geht über in:

$$q_x = \frac{2\, m_x^{(1902)}}{A_x^{(1902)} + A_{x+1}^{(1903)} + m_x^{(1902)}} \quad (11).$$

Die Formel (11) gestattet natürlich auch mit Hilfe

zweier Volkszählungen am Beginn zweier aufeinanderfolgender Kalenderjahre und des Totenregisters des dazwischenliegenden Jahres, wenn man bloß die Geburtsjahre der Gezählten und Verstorbenen kennt, q_x aus den Beobachtungen der Bevölkerung eines Landes zu finden[1].

Die meisten Sterblichkeitstafeln aus den Erfahrungen von Versicherungsanstalten sind auch auf Grund von Fiktionen, allerdings meistens etwas anderer Art, als wir sie schilderten, hergestellt[2].

Die durch Beobachtung gewonnenen Werte der Sterbenswahrscheinlichkeiten q_0, q_1, q_2, . . . zeigen gewöhnlich Unregelmäßigkeiten, die man Zufälligkeiten oder der Beschränktheit des Beobachtungsfeldes zuschreiben zu müssen glaubt. Würde man die beobachteten Werte q_x zur Herstellung einer Sterbetafel benützen, so würde auch diese Unebenheiten zeigen, die sich dann auch den zu Versicherungszwecken zu berechnenden Prämientarifen ebenfalls mitteilen würden. Zur Beseitigung dieser Unebenheiten werden die beobachteten Werte der Sterbenswahrscheinlichkeiten q_x gewöhnlich ausgeglichen, d. h. durch andere Werte ersetzt, die nicht zu sehr von den beobachteten abweichen und einen annähernd regelmäßigen Verlauf zeigen. Die Ausgleichungsmethoden sind dabei graphischer, mechanischer oder analytischer Natur. Die letzteren, der Sterblichkeitsmessung besonders eigentümlich, beruhen darauf, die beobachteten Werte für q_x oder die aus ihnen berechneten Werte für l_x (Vgl. p. 30) einer Formel anzupassen. Von solchen Formeln oder Sterb-

[1] Vgl. hierzu wie zu Formel (11): Becker, a. a. O. Formel (36) und die anschließenden Bemerkungen.

[2] Vgl. die Literatur in dem oben citierten Aufsatze von Roghé

lichkeitsgesetzen ist das berühmteste das von dem Versicherungsmathematiker Gompertz 1825 veröffentlichte, von Makeham 1860 verbesserte Makeham-Gompertzsche Gesetz. Es gibt die Anzahl der Lebenden l_x des Alters x in ihrer Abhängigkeit von dem Alter x:

$$l_x = c.\ k^x.\ g^{r^x}. \qquad (12)$$

c, k, g, r bedeuten dabei Konstante, welche auf Grund des beobachteten Materials, so daß sie dessen allgemeine Züge möglichst genau wiedergeben, zu wählen sind; die fraglichen Konstanten besitzen für die verschiedenen Sterblichkeitstafeln verschiedene Werte. Die angegebene Formel (12), welche zur Ausgleichung einer Anzahl von Sterblichkeitstafeln benützt wurde, gibt, vom Alter $x = 20$ bis 35 anfangend, also mit Ausschluß des jugendlicheren Alters, eine recht gute Idee des Verlaufes der Sterblichkeit. Wählt man l_{30} willkürlich,

$$\log k = -0{,}002527627, \quad \log g = \frac{-0{,}0000728274945}{r-1},$$

$$r = 1{,}087398 \text{ und } c = \frac{l_{30}}{k^{30}.\ g^{r^{30}}},$$ so liefert Formel (12) für $x \geqq 30$ die Sterbetafel, welche von der preußischen Rentenversicherungsanstalt, wohl dem größten derartigen deutschen Institut, auf Grund ihrer eigenen Erfahrung an männlichen Rentenversicherten hergeleitet wurde und seit 1901 den Leibrentenberechnungen der Anstalt für männliche Personen zu Grunde liegt. Wählt man für l_{33} in Formel (12) eine ganz willkürliche Zahl, $\log k = -0{,}00203476118$,

$$\log g = \frac{-0{,}00000453198041}{r-1}, \quad r = 1{,}12212$$

und $c = \frac{l_{33}}{k^{33} \cdot g^{r^{33}}}$, so liefert die Formel (12) diejenige ausgeglichene Sterbetafel, welche die preußische Rentenversicherungsanstalt aus ihren eigenen Erfahrungen an weiblichen Rentenversicherten gewonnen hat und seit 1901 bei ihrem Leibrentengeschäft mit Frauen ververwendet, falls ihr Lebensalter 33 Jahre beträgt oder übersteigt[1].

§ 3. Die gebräuchlichen Sterblichkeitstafeln.

Die Sterbenswahrscheinlichkeiten, auf denen eine jede Sterblichkeitstafel basiert, zeigen je nach der Art des zu ihrer Herleitung verwandten Beobachtungsmaterials erhebliche Abweichungen; für gleichzeitig lebende, aber räumlich getrennte oder geschlechtlich verschiedene Grundmassen, für Schichten einer Bevölkerung, die z. B. durch Beruf oder Einkommen charakterisiert sind, werden voneinander abweichende Sterblichkeitstafeln sich ergeben. Für Versicherungszwecke kommen heutzutage vorzugsweise drei Gattungen von Sterblichkeitstafeln zur Verwendung: *Sterblichkeitstafeln* aus den Beobachtungen einer *ganzen Bevölkerung*, aus den Beobachtungen von *normal auf den Todesfall versicherten Personen*, sowie aus den Beobachtungen an Personen, die auf *Leibrenten oder den Erlebensfall* versichert waren.

Sterblichkeitstafeln für ganze Bevölkerungen eines Landes, welche früher von den Versicherungsunter-

[1] Diese Angaben verdanke ich der Freundlichkeit des genannten Instituts. Für die verschiedenen Ausgleichungsmethoden sei verwiesen auf: „E. Blaschke, Die Methoden der Ausgleichung von Massenerscheinungen mit besonderer Berücksichtigung der Ausgleichung von Absterbe- und Invalidenordnungen. Wien. 1893“. Siehe auch E. Czuber, an dem S. 31 angeführten Orte.

nehmungen auch für das normale Todesfallgeschäft verwandt wurden, ehe die Anstalten hierfür besondere Tafeln hatten, können heute den Versicherungsinstituten zur Kontrolle und zur Ergänzung für das höchste und niedrigste Lebensalter, für das die eigenen Erfahrungen der Anstalten bisweilen zu gering sind, dienen. Ferner wird man Sterblichkeitstafeln aus den Erfahrungen ganzer Bevölkerungen für Versicherungen der wirtschaftlich schwachen Elemente auf kleine Beträge, sogenannte Volks-, auch Mark-, Arbeiter- oder Sterbekassenversicherung genannt, anwenden. Das Eigentümliche dieser Versicherungsgattung auf den Todesfall ist, daß dieselbe nur auf eine kleinere, von dem Versicherten nicht überschreitbare Summe abgeschlossen werden darf und die Versicherungsanstalt von vollständiger ärztlicher Untersuchung absieht[1]. Von einer Reihe deutscher Versicherungsanstalten wird für die Volksversicherung die S. 36 genannte deutsche Sterbetafel für Männer sowohl bei männlichen wie bei weiblichen Versicherten verwandt. Bei der Bevölkerung des Deutschen Reiches ist nach der vom Ksl. statistischen Amte berechneten Sterbetafel für das weibliche Geschlecht die Sterblichkeit der Frauen für fast jedes Alter günstiger als die der Männer, besonders groß ist der Unterschied zu Gunsten der Frauen um die Mitte der fünfziger Jahre; nur in den Altersklassen 9—15 und 27—35 ist die Sterbenswahrscheinlichkeit für die Männer eine geringere als die der Frauen. Die Versicherungsanstalten fahren bei dieser Sachlage daher keineswegs zu ihren Ungunsten, wenn sie bei der Volksversicherung auch

[1] Über das Wesen der Volksversicherung informieren Artikel von Eggenberger, Schwoner und Peters in Bd. 1 und 2 der Zeitschrift f. d. gesamte Versicherungswissenschaft.

die Frauen nach der Männertafel behandeln; sie ersparen hierbei noch die Anstellung von besonderen Prämien- und Reserveberechnungen für versicherte Frauen. Im Deutschen Reiche werden sonst für Volksversicherungen noch die S. 19 erwähnte Tafel 23 D. G. M u. WIII, sowie die Sterbetafel III für minderwertige Leben 2. (mittlerer) Gefahrenklasse von Dr. Blaschke benützt[1].

Für die normale Todesfallversicherung, bei der vollständige ärztliche Untersuchung verlangt wird und eine größere, beim Tode der versicherten Person zahlbare Summe in Frage kommt, wird von den meisten Deutschen Lebensversicherungsanstalten — von größeren machen nur Gotha und die Leipziger Lebensversicherungsgesellschaft, die aber ihre Rechnungsgrundlagen ändern werden[2], eine Ausnahme — 23 D. G. M u. WI als Rechnungsgrundlage verwandt. Vom wissenschaftlichen Standpunkte ist zu sagen (vgl. p. 18), daß diese Tafel weder die Sterblichkeitsverhältnisse der Männer noch die der Frauen widerspiegelt; bei anderer Verteilung der beobachteten Personen nach dem Geschlechte hätten sich andere Sterblichkeitsverhältnisse ergeben. Den tatsächlichen Verhältnissen kann diese Tafel nur entsprechen, wenn auch die Anzahl der dem Versicherungsunternehmen beitretenden Männer und Frauen proportional der bei der Konstruktion der Tafel verwandten ist. Die bei versicherten Männern und Frauen gemachten Erfahrungen zeigen ganz erhebliche Unterschiede der Sterblichkeit, wie man sie bei ganzen Bevölkerungen nicht bemerkt hat; dies erhellt aus dem Vergleich der für Männer und Frauen gesondert hergestellten Tafeln

[1] E. Blaschke, Denkschrift zur Lösung des Problems der Versicherung minderwertiger Leben. Wien: 1895.

[2] Ber. des eidg. Versicherungsamtes über das Jahr 1898, S. 40.

23 D. G. mit denjenigen der Reichsbevölkerung (vgl. S. 36): Die einjährigen Sterbenswahrscheinlichkeiten q_x der männlichen Reichsbevölkerung fallen mit wenigen unerheblichen Ausnahmen zwischen diejenigen der versicherten männlichen Personen mit vollständiger ärztlicher (23 D. G. M I) und unvollständiger ärztlicher Untersuchung (23 D. G. M III). Hingegen ist im Alter von 16—46 Jahren die Sterblichkeit der weiblichen Bevölkerung des Deutschen Reiches zum Teil recht bedeutend geringer als diejenige der versicherten weiblichen Personen sowohl mit vollständiger (23 D. G. W I) als auch mit unvollständiger ärztlicher Untersuchung (23 D. G. W III). Die Benützung der gemischten Tafel 23 D. G. M u. W I in der Praxis geschieht, um nicht den Geschäftsbetrieb durch Herstellung gesonderter Prämien- und Reservenberechnungen zu erschweren; ferner hat aber auch 23 D. G. M u. W I etwas ungünstigere Sterblichkeitsverhältnisse, als sie heute herrschen, so daß die Unternehmungen bei Verwendung dieser Tafel gut bestehen können.

In Frankreich verwendet man allgemein für das Todesfallgeschäft eine aus Erfahrungen an Männern und Frauen hergestellte Tafel A F (assurés français); sie ist entstanden aus Beobachtungen an 229 143 Personen mit 22 621 Todesfällen, die bei 4 französischen Versicherungen versichert waren[1].

Sehr verbreitet sind die von den englischen Versicherungsunternehmungen bei ihrem Todesfallgeschäft verwendeten Tafeln H^M und $H^{M(5)}$ der zwanzig

[1] Vgl. Ber. d. eidg. Versicherungsamtes über die Jahre 1892, S. 8, 1893, S. 18, 1895, S. 8. A. a. O. findet man auch die Tafel A F wie R F (vgl. S. 47) mit Angabe der Rentenwerte a_x abgedruckt.

englischen Gesellschaften. Die Tafeln H^M und $H^{M(5)}$ (H^M ist eine Abkürzung für healthy male lives = gesunde männliche Leben) sind entstanden aus Erfahrungen an ärztlich gesund erklärten, auf den Tod versicherten Männern. Die ärztliche Revue, welche nach dem Verlangen der Versicherungsanstalten ein jeder, der sich auf seinen Todesfall normal versichern will, passieren muß, bedingt in den ersten Versicherungsjahren einen günstigeren Verlauf der Sterblichkeit unter Versicherten; derselbe hält aber erfahrungsgemäß nicht länger als etwa die ersten fünf Versicherungsjahre an, dann zeigt sich sogar oft ein stärkeres Absterben als bei nicht Versicherten aus den besseren Ständen oder ländlichen Distrikten desselben Landes. Die Tafel $H^{M(5)}$ ist nur aus Beobachtungen an Männern, die bereits wenigstens fünf Jahre versichert waren, hergestellt. Die Frauen werden in England nach diesen Männertafeln, vielfach sogar ohne besondere Zuschläge[1], versichert, obgleich für das Alter von 20—40 Jahren auch die Tafel H^F (healthy female lives) der zwanzig englischen Gesellschaften ein erhebliches Übersteigen der einjährigen Sterbenswahrscheinlichkeiten der versicherten Frauen gegen die der versicherten Männer (H^M) zeigt[2]. Die deutschen Versicherungsanstalten nehmen trotz Benützung einer gemischten, aus Männer- und Frauenbeobachtungen hergestellten Tafel für die Versicherung von Frauen bis zum Alter von 50 Jahren meistens noch besondere Zuschläge.

[1] Vgl. Aus der Praxis der Gothaer Lebensversicherungsbank Jena. 1902, S. 384.

[2] The mortality experiences of life insurance companies etc. London. 1869. Über die Tafeln der 20 englischen Gesellschaften vgl. ferner Roghé, sowie Monatshefte zur Statistik des deutschen Reiches. 1887, November.

Die Erfahrung hat gelehrt, daß die von den Versicherten selbst getroffene Selektion für sie viel günstiger ist als diejenige, welche von seiten der Versicherungsanstalten durch ärztliche Untersuchung bei den auf den Todesfall Versicherten geübt wird. Personen, welche aus freien Stücken eine Versicherung auf den Erlebensfall (vgl. S. 10) oder auf eine Leibrente eingehen, stellen eine auserlesen gesunde Gesellschaft mit viel geringeren Werten der Sterbenswahrscheinlichkeiten dar als die auf den Todesfall Versicherten. Nur die Hoffnung auf ein langes Leben scheint von selbst zu derartigen Versicherungen zu führen, und die persönliche Anschauung über die eigene Gesundheit erweist sich als ungemein treffend. Wegen der Langlebigkeit der Leibrentner und Leibrentnerinnen hat man sogar schon vorgeschlagen, dieselben im Interesse der Versicherungsunternehmung ärztlich untersuchen zu lassen, ob die sich Versichernden nicht zu günstige Lebensaussichten haben. Bei dem Rentengeschäft muß eine Lebensversicherungsunternehmung, wenn diese Abteilung für sich allein ohne Beanspruchung der Mittel anderer Abteilungen des Instituts bestehen soll, sehr vorsichtig zu Werke gehen. Die Sterbetafeln werden sehr genau im Einklang mit der Erfahrung gewählt werden müssen, auch sind trotz Vermehrung der Rechnungen im Geschäftsbetriebe für die zwei Geschlechter zwei verschiedene Tafeln zu benützen; denn die Sterblichkeit der Leibrentnerinnen ist nicht unbedeutend niedriger als die der Leibrentner. Die drei großen amerikanischen Gesellschaften, Equitable, Mutual und New-York, haben getrennte Tafeln für das Leibrentengeschäft mit Männern und Frauen; ebenso ist es auch bei englischen Versicherungsunternehmungen, welche die Tafeln von

A. J. Finlaison (Mortality experience of government life annuitants between 1808 and 1875, according to the report of 1883 of Alexander John Finlaison) benützen. Diese Tafeln verwendet in Deutschland bei seinem Leibrentengeschäft der Atlas in Ludwigshafen. Die preußische Rentenversicherungsanstalt hat auch seit 1901 (vgl. S. 40) eine Trennung zwischen männlichen und weiblichen Rentenversicherten vorgenommen und verwendet für beide gesonderte Tafeln. Sehr verbreitet ist in Deutschland, wo allerdings das Leibrentengeschäft von den meisten Lebensversicherungsunternehmungen nicht sehr stark betrieben wird, die deutsche Rentnersterbetafel, welche aus Beobachtungen an 5759 Männern und 11 209 Frauen, die auf Leibrenten versichert waren, hergestellt ist; diese Tafel ist 1891 erschienen. In Frankreich, wo das Rentengeschäft besonders blüht, wird die französische Tafel R F (rentiers français) benützt[1].

§ 4. Die Sterblichkeitstafeln in ihrer Bedeutung für die Zukunft.

Für eine jede Lebensversicherungsanstalt ist es von größter Wichtigkeit zu wissen, ob den Sterbenswahrscheinlichkeiten, die sie einer Sterbetafel entnommen hat, unabhängig von der Zeit der Beobachtung eine annähernde Konstanz zukommt, d. h. ob für die künftige Gruppierung der Todesfälle bei ähnlich geprägtem Menschenmaterial ziemlich analoge Verhältnisse, wie sie die Sterblichkeitstafel angibt, erwartet

[1] Vgl. die wichtige Schrift von B. Schmerler, Die Sterblichkeitserfahrungen unter den Rentenversicherten sowie die für die bekanntesten Rentnersterbetafeln zu 3½ % und 4 % berechneten Grundziffern. Berlin. 1893.

werden dürfen. Ob nun für eine große Zahl ähnlicher Individuen sich die Sterbenswahrscheinlichkeit q_x mit gewisser Annäherung als eine bloße Funktion des Alters x ansehen läßt oder auch von der Zeit, zu der die x-jährigen Personen leben, abhängig ist, kann nie aus einer einzigen Bestimmung des q_x, mag sie auch vermöge eines noch so großen Materials erfolgt sein, geschlossen werden. Vielmehr werden jedenfalls zur Entscheidung der Frage eine nicht allzu kleine Anzahl von Beobachtungsreihen nötig, von denen eine jede auf Grund gleichartigen Materials aus verschiedenen Geburtsjahren einen Wert des q_x zu ermitteln gestattet; dann ist der Verlauf der Schwankungen der aus verschiedenen Geburtsjahrgängen bestimmten Sterbenswahrscheinlichkeiten q_x für gleiche Altersklassen zu untersuchen. Bis vor kurzem glaubten Theoretiker im Gegensatz zur Praxis und zu der besonders beim Lebensversicherungsgeschäft bemerkten Stabilität — viele Gesellschaften bezahlen schon eine lange Reihe von Jahren nahezu dieselbe Dividende — nicht nahezu konstante, voneinander unabhängige Sterbenswahrscheinlichkeiten annehmen zu dürfen. Einen Umschwung der Anschauungen führte eine 1899 erschienene Untersuchung des niederländischen Versicherungsmathematikers J. H. Peek (Zeitschrift f. Versicherungs-Recht und- Wissenschaft V. Bd.) herbei. Diese Arbeit vergleicht gewissermaßen an der Hand der niederländischen Statistik aus den Jahren 1880—1889 zehn Sterbetafeln. Nach unserer heutigen Ansicht kommt, abgesehen von den Kinderjahren, in den Sterbenswahrscheinlichkeiten q_x für nicht allzu lange Zeiträume und gleichartige Personenklassen ein konstantes, von den einzelnen Beobachtungsjahren nahezu unabhängiges numerisches Verhältnis zum Ausdruck. Die

q_x stellen daher, um einen Ausdruck des bekannten Göttinger Volkswirtschaftslehrers Professor Lexis[1], der sich um die Aufrollung dieser Frage größte Verdienste erworben hat, zu benützen, wenigstens für kleine Zeiträume typische Zahlreihen mit normaler Dispersion vor. Große Epidemien und Kriege werden natürlich zeitweise die Sterblichkeit ändern; aber im allgemeinen werden große Lebensversicherungsanstalten vertrauensvoll mit Recht eine Zeitlang eine auf Grund analogen Menschenmaterials, wie es die Anstalt versichert, konstruierte Sterbetafel für ihre Berechnungen benützen dürfen. Diese Aussage heißt aber nicht, daß eine Versicherungsgesellschaft dieselbe Sterblichkeitstafel für alle Ewigkeit ihren Rechnungen zu Grunde legen darf. In größeren Zeiträumen ändert sich die Sterblichkeit gewiß; so ist sie im 19. Jahrhundert in allen Kulturstaaten niedriger als in den voraufgegangenen Jahrhunderten gewesen.[2]

Kapitel III.

Einmalige Nettoprämien für die Versicherung auf das Leben einer Person.

Prinzipien: Um die einmalige Nettoprämie einer Person, die im Alter von x Jahren irgend eine von ihrer Lebensdauer abhängige Versicherung eingeht,

[1] Lexis, Zur Theorie der Massenerscheinungen. Freiburg i. B. 1879. Jahrbuch f. Nationalökonomie u. Statistik, Jahrg. 1876, 79, 86. Eine Anzahl der Lexisschen Arbeiten ist gesammelt unter dem Titel „Abhandlungen zur Theorie der Bevölkerungs- und Moralstatistik," Jena, 1903 erschienen. Vgl. auch Bohlmann, Vierte Vorlesung über Versicherungsmathematik, bei Klein und Riecke, Über angewandte Mathematik. Leipzig. 1900.

[2] Westergaard, Die Lehre von der Mortalität u. Morbilität. 2te Aufl. Jena 1901, S. 253.

zu bestimmen, nehmen wir an, daß statt der einen Person eine fingierte Gesellschaft von so vielen x-jährigen Personen l_x, wie sie die der Rechnung zu Grunde liegende Sterblichkeitstafel angibt, gleichzeitig unter denselben Bedingungen die Versicherung abschließt. Wir berechnen dann den Barwert (vgl. S. 22) aller Leistungen des Versicherungsunternehmens für den Zeitpunkt des Abschlusses des Vertrages an diese fingierte Gesellschaft von l_x Personen unter der Annahme, daß diese fingierte Gesellschaft genau nach der Sterblichkeitstafel abstirbt. Hierbei legen wir einen Zinsfuß von 100i % (vgl. S. 20), der voraussichtlich bis zum Abschluß dieser l_x Verträge erzielt wird, zu Grunde. Nach dem Prinzip der Gleichheit von Leistung und Gegenleistung — bei der Nettoprämie sieht man von Gewinn und Unkosten des Versicherungsunternehmens ab — müssen die l_x Personen bei Abschluß des Vertrages den für jenen Termin berechneten Barwert aller in Zukunft zu leistenden Auszahlungen des Versicherungsunternehmens an dieses einzahlen; eine Person zahlt als einmalige Nettoprämie den $l_x$ten Teil. Diese Nettoprämie deckt die Nettoausgaben des Versicherungsunternehmens, wenn der rechnungsmäßige Zins von der Anstalt wirklich erzielt wird und das Sterben nach der Sterblichkeitstafel vor sich geht.

Die Formeln werden im folgenden unter der Annahme, daß der Versicherte sich auf die Einheit des Kapitals oder der Rente versichert hat, hergeleitet werden. Bedingt sich der Versicherte statt der Einheit die Summe S aus, so hat er den S-fachen Betrag als Nettoprämie zu zahlen.

§ 1. Lebenslängliche, jährlich postnumerando zahlbare Leibrente.

Eine jetzt x-jährige Person versichert sich bei einer Rentenanstalt, daß sie, mit ihrem $x+1$ten Geburtstage beginnend, alljährlich an demselben Tage, solange sie diesen erlebt, eine Leibrente in gleicher Höhe ausgezahlt erhalten soll. Diese Leibrente heißt kurz: *Postnumerando-Leibrente*. Ist die zur Auszahlung gelangende Rente die Einheit, so bezeichnet man die einmalige Nettoprämie der sich versichernden x-jährigen Person mit a_x. (X) (X)

Wir denken uns eine fingierte Gesellschaft von l_x Personen des Alters von x Jahren, wie sie die Sterblichkeitstafel angibt, eine Versicherung auf eine Postnumerando-Leibrente in der Höhe 1 abschließen. Von diesen l_x Personen erleben, wenn sie nach der Sterblichkeitstafel absterben, was wir voraussetzen, noch l_{x+1} ihren $x+1$ten Geburtstag. An jede dieser l_{x+1} Personen hat die Versicherungsanstalt laut Vertrag die Rente 1 zu zahlen; an alle l_{x+1} Personen mithin die Summe l_{x+1}, deren Wert bei Abschluß des Vertrages, da die Zahlung ja erst ein Jahr nach Beginn der Versicherung erfolgt, nach Formel (4) S. 23: $l_{x+1}\,v$ beträgt.

Zwei Jahre nach Abschluß des Vertrages leben von der fingierten Gesellschaft nur noch l_{x+2} Personen; an diese hat die Leibrentenanstalt eine Zahlung in der Höhe l_{x+2} zu leisten. Der Barwert dieser Summe ist bei Abschluß des Vertrages nach Formel (4): $l_{x+2}\,v^2$.

Auf diese Art und Weise sind unter Anwendung von Formel (4) die Barwerte der Leistungen des Versicherungsinstituts an die fingierte Gesellschaft für den

Zeitpunkt des Abschlusses des Vertrages weiter zu berechnen. Ist ω das höchste Lebensalter, für welches die Sterblichkeitstafel noch lebende Personen aufführt, so hat die letzte Zahlung der Versicherungsanstalt $\omega - x$ Jahre nach Abschluß des Vertrages zu geschehen; ihre Höhe ist, da dann noch l_ω Personen nach der Sterblichkeitstafel leben, l_ω. Der Barwert dieser Summe zur Zeit des Abschlusses des Vertrages ist $l_\omega \cdot v^{\omega - x}$. Durch Summation findet man den Barwert der Gesamtleistungen des Versicherungsunternehmens bei Abschluß des Vertrages:

$$l_{x+1}\, v + l_{x+2}\, v^2 + l_{x+3}\, v^3 + \ldots + l_\omega\, v^{\omega - x}.$$

Nach dem Prinzip der Gleichheit von Leistung und Gegenleistung muß die fingierte Gesellschaft von l_x Personen, um sich die Vorteile des Vertrages zu verschaffen, beim Abschluß desselben die eben gefundene Summe als einmalige Prämie der Leibrentenanstalt übergeben; eine Person zahlt mithin den $l_x$ten Teil dieser Summe. Die Nettoprämie a_x einer x-jährigen Person für die jährlich postnumerando zahlbare, mit dem Tode aufhörende Leibrente in Höhe der Einheit ergibt sich:

$$a_x = \frac{l_{x+1}\, v + l_{x+2}\, v^2 + l_{x+3}\, v^3 + \ldots + l_\omega\, v^{\omega - x}}{l_x} \quad (13).$$

Es ist offenbar:

$$a_x = \frac{l_{x+1}}{l_x}\, v \left(1 + \frac{l_{x+2}\, v + l_{x+3}\, v^2 + \ldots + l_\omega\, v^{\omega - x - 1}}{l_{x+1}}\right);$$

in Analogie mit (13) ist:

$$a_{x+1} = \frac{l_{x+2}\, v + l_{x+3}\, v^2 + \ldots + l_\omega\, v^{\omega - x - 1}}{l_{x+1}},$$

daher wird:

$$a_x = \frac{l_{x+1}}{l_x}\, v\, (1 + a_{x+1}) \,. \quad (14).$$

Die Formel (14) kann direkt auf folgende Art abgeleitet werden: Wir nehmen an, daß statt einer einzigen x-jährigen Person sich eine fingierte Gesellschaft von so vielen x-jährigen Personen l_x, wie sie die Sterblichkeitstafel, welche der Rechnung zu Grunde gelegt werden soll, angibt, auf eine jährliche, postnumerando zahlbare, lebenslängliche Leibrente in der Höhe der Einheit versichere. Die fingierte Gesellschaft soll dabei genau nach der Sterbetafel aussterben. Will sich ein Jahr nach Abschluß des Vertrages, wo die erste Zahlung von seiten des Versicherungsinstituts stattzufinden hat, dasselbe von allen vertragsmäßig übernommenen Verpflichtungen an unsere fingierte Gesellschaft befreien, so hat es an jede der dann noch lebenden l_{x+1} Personen erstens die fällige Rente in Höhe der Einheit, zweitens als Ablösungssumme a_{x+1} zu zahlen. Durch die Summe a_{x+1} kann sich nämlich eine jede der dann $x+1$-jährigen Personen bei einer anderen auf Grund derselben Sterblichkeitstafel und desselben Zinsfußes arbeitenden Anstalt eine Postnumerando-Leibrente in Höhe der Einheit erwerben. Die zu leistende Zahlung des Versicherungsinstituts an die l_{x+1} Personen ist daher $l_{x+1}(1+a_{x+1})$; ihr Barwert bei Abschluß des Vertrages, also ein Jahr früher, beträgt: $l_{x+1}(1+a_{x+1})v$. Nach dem Prinzip der Gleichheit von Leistung und Gegenleistung hat die fingierte Gesellschaft von l_x Personen bei Abschluß des Vertrages an das Versicherungsunternehmen folglich die Zahlung $l_{x+1}(1+a_{x+1})\,v$ zu leisten; eine Person bezahlt als Nettoprämie a_x den $l_x$ten Teil. Hiermit hat man Formel (14).

Nach (VIII) war $p_x = \frac{l_{x+1}}{l_x}$; dies in (14) gesetzt, gibt:

$$a_x = p_x\,v\,(1 + a_{x+1}) \qquad (15).$$

Offenbar ist $a_\omega = 0$, denn keine Person der Sterblichkeitstafel erlebt ihren $\omega + 1$ten Geburtstag. Erteilt man in (15) dem x der Reihe nach die Werte $\omega - 1$, $\omega - 2$, $\omega - 3$, . . . , so findet man:

$$a_{\omega-1} = p_{\omega-1} v; \quad a_{\omega-2} = p_{\omega-2} v (1 + a_{\omega-1}),$$
$$a_{\omega-3} = p_{\omega-3} v (1 + a_{\omega-2}), \; \ldots\ldots$$

Durch diese Gleichungen kann man der Reihe nach, mit $a_{\omega-1}$ beginnend, wenn man die Lebenswahrscheinlichkeiten p_x kennt, welche die meisten Sterblichkeitstafeln angeben oder die man nach (VIII) finden kann, die Rentenwerte a_x berechnen.

Für $v = \frac{1}{1{,}035}$ und die Männersterbetafel der preußischen Rentenversicherungsanstalt ergeben sich $a_{30} = 18{,}313$, $a_{40} = 15{,}970$, $a_{50} = 13{,}101$, $a_{60} = 9{,}887$, $a_{70} = 6{,}693$. Ein 70-jähriger hat also 669,30 Mk. an seinem Geburtstage als einmalige Nettoprämie zu bezahlen, um, mit seinem 71ten Geburtstage beginnend, an jedem Geburtstage, den er erlebt, 100 Mk. als Leibrente zu erhalten.

Nach der Sterblichkeitstafel der preußischen Rentenversicherungsanstalt für weibliche Personen erhält man bei einem Zinsfuß von $3^1/_2$ %: $a_{30} = 20{,}479$, $a_{40} = 18{,}412$, $a_{50} = 15{,}601$, $a_{60} = 12{,}045$, $a_{70} = 8{,}070$. Infolge der geringeren Werte der Sterbenswahrscheinlichkeiten der Leibrentnerinnen als der Leibrentner ergeben sich bei Zugrundelegung der Frauensterbetafel größere Werte für a_x; die Frauen haben also, wenn sie sich in demselben Lebensalter auf eine Leibrente der gleichen Höhe wie ein Mann versichern wollen, nicht unbeträchtlich höhere Einlagen als Männer zu leisten.

Für Rentenberechnungen empfiehlt es sich, die Größen:

$$D_x = l_x \cdot v^x \text{ (XI) und} \qquad \text{(XI)}$$

$$N_x = D_{x+1} + D_{x+2} + D_{x+3} + \ldots D_\omega \text{ (XII)} \qquad \text{(XII)}$$

einzuführen. Man nennt D_x die Zahl der diskontierten Lebenden des Alters x. Multipliziert man in Formel (13) Zähler und Nenner rechter Hand mit v^x, so erhält man:

$$a_x = \frac{l_{x+1}\, v^{x+1} + l_{x+2}\, v^{x+2} + \ldots + l_\omega\, v^\omega}{l_x\, v^x}.$$

Hieraus ergibt sich mit Hülfe von (XI):

$$a_x = \frac{D_{x+1} + D_{x+2} + \ldots + D_\omega}{D_x} \qquad (16).$$

Unter Benützung von (XII) folgt:

$$a_x = \frac{N_x}{D_x} \qquad (17).$$

Für Rechnungen bei Leibrentenanstalten tabuliert man für die zugrunde gelegte Sterblichkeitstafel nach Wahl eines Zinsfußes und damit des v erst nach (XI) die D_x, dann die N_x. Dabei beachte man, daß:

$$N_{x+1} = D_{x+2} + D_{x+3} + \ldots + D_\omega$$

und daher nach (XII):

$$N_x = D_{x+1} + N_{x+1} \qquad (18)$$

wird. Man berechnet erst $N_{\omega-1} = D_\omega$, dann $N_{\omega-2} = D_{\omega-1} + N_{\omega-1}$, $N_{\omega-3} = D_{\omega-2} + N_{\omega-2}$, u. s. w.

Aus N_x und D_x folgt nach (17) a_x.

§ 2. Lebenslängliche, jährlich pränumerando zahlbare Leibrente.

Versichert sich jemand derartig, daß er bis zu seinem Lebensende alljährlich die gleiche Summe erhalten will, soll aber die erste Leistung von seiten des Versicherungsinstituts schon sofort bei Abschluß des Vertrages erfolgen, so spricht man kurz von einer Prä-

numerando-Leibrente. Sie unterscheidet sich von der im § 1 behandelten Postnumerando-Leibrente nur dadurch, daß auch bei Beginn der Versicherung die Versicherungsanstalt die festgesetzte Rente zahlen soll. Die einmalige Nettoprämie für die eben geschilderte Versicherung bezeichnet man, wenn die alljährlich zur Auszahlung gelangende Rente die Einheit ist, mit a_x
(XIII) (XIII). Es ist offenbar $\mathrm{a}_x = 1 + a_x$ (19).

Aus dieser Formel und (17) folgt:

$$\mathrm{a}_x = 1 + \frac{N_x}{D_x} = \frac{D_x + N_x}{D_x} = \frac{N_{x-1}}{D_x} \quad (20).$$

In der angegebenen Form hat die geschilderte Versicherung eigentlich nur theoretischen Wert; denn der Versicherte wird sich nicht bald bei Abschluß des Vertrages, wenn er seine Einzahlung an die Versicherungsanstalt leistet, auch eine Auszahlung machen lassen. Man kann aber a_x auch als Barwert oder Ablösungssumme für eine alljährlich wiederkehrende Zahlung ansehen, die eine x-jährige Person, mit ihrem x-ten Geburtstage beginnend, solange sie lebt, in der Höhe 1 zu leisten hat.

§ 3. Temporäre und aufgeschobene, jährlich zur Auszahlung gelangende Leibrenten.

Versichert sich eine x-jährige Person auf eine ein Jahr nach Abschluß des Vertrages beginnende, höchstens n mal, nur solange der Versicherte lebt, in gleichen Jahresbeträgen zur Auszahlung gelangende Leibrente, so spricht man von einer n-jährigen, kurzen oder temporären oder auch aufhörenden, postnumerando zahlbaren Leibrentenversicherung. Ist die jährlich zur Auszahlung gelangende Summe die Einheit, so bezeichnet man die einmalige Nettoprämie mit $|_n a_x$ (XIV). Bei dieser Versicherung hat das Versicherungs- (XIV) institut genau dieselben Bedingungen wie bei der Postnumerando-Leibrentenversicherung (§ 1) übernommen; nur findet, wenn die versicherte Person nicht früher gestorben ist, die letzte Zahlung von seiten der Versicherungsanstalt am $x + n$ten Geburtstage statt. Daher modifizieren sich Formel (13) zu:

$$|_n a_x = \frac{l_{x+1} v + l_{x+2} v^2 + \ldots + l_{x+n} v^n}{l_x} \qquad (21)$$

und Formel (16) zu:

$$|_n a_x = \frac{D_{x+1} + D_{x+2} + \ldots + D_{x+n}}{D_x} \qquad (22).$$

Vermöge (XII) erhält man:

$$|_n a_x = \frac{N_x - N_{x+n}}{D_x} \qquad (23).$$

Sind D_x und N_x für jeden Wert des x tabuliert, so kann man nach (23) $|_n a_x$ finden.

Berücksichtigt man (17), so ergibt sich aus (23), da:

$$|_n a_x = \frac{N_x}{D_x} - \frac{N_{x+n}}{D_{x+n}} \cdot \frac{D_{x+n}}{D_x} \text{ ist,}$$

$$|_n a_x = a_x - \frac{D_{x+n}}{D_x} a_{x+n} \qquad (24).$$

Versichert sich eine x-jährige Person auf eine sofort bei Abschluß des Vertrages beginnende, höchstens n mal, nur solange der Versicherte lebt, alljährlich in der gleichen Höhe zur Auszahlung gelangende Leibrente, so spricht man von einer n-jährigen, kurzen oder temporären oder aufhörenden Pränumerando-Leibrente. Die einmalige Nettoprämie des Versicherten wird mit $|_n \mathrm{a}_x$ bezeichnet (XV), wenn (XV) die jährliche Rente 1 ist. In Analogie mit Formeln (21), (22) u. (23) leitet man her:

$$|_n a_x = \frac{l_x + l_{x+1} v + l_{x+2} v^2 + \ldots + l_{x+n-1} v^{n-1}}{l_x} \quad (25)$$

$$|_n a_x = \frac{D_x + D_{x+1} + \ldots + D_{x+n-1}}{D_x} \quad (26)$$

$$|_n a_x = \frac{N_{x-1} - N_{x+n-1}}{D_x} \quad (27).$$

Aus (26) und (22) oder auch aus der Definition von $|_n a_x$ ergibt sich:

$$|_n a_x = 1 + |_{n-1} a_x \quad (28).$$

Versichert sich eine x-jährige Person auf eine Rente, deren erste Zahlung erst nach m + 1 Jahren, falls der Versicherte dann noch lebt, und zwar alljährlich, solange der Versicherte am Leben ist, von der Versicherungsanstalt in gleicher Höhe zu leisten ist, so spricht man von einer um m Jahre aufgeschobenen, postnumerando zahlbaren Leibrente. Diese Versicherung kann der Alterspension dienen. Die von der x-jährigen Person einmalig zu zahlende Nettoprämie bezeichnet man, wenn sich die geschilderte Versicherung auf die Einheit der Rente
(XVI) bezieht, mit $_{m|}a_x$ (XVI), indem man bei Ereignissen, die erst nach einer Aufschubzeit von m Jahren eintreten, hinter den vorgesetzten Index m einen Vertikalstrich setzt. Die erste Zahlung von seiten des Versicherungsunternehmens findet, falls der Versicherte dann noch lebt, am x + m + 1ten Geburtstage des Versicherten statt; sonst sind die Bedingungen analog wie bei der in § 1 behandelten Leibrentenversicherung. Formel (13) modifiziert sich in:

$$_{m|}a_x = \frac{l_{x+m+1} v^{m+1} + l_{x+m+2} v^{m+2} + \ldots + l_\omega v^{\omega-x}}{l_x} \quad (29).$$

Formel (16) wird sich verwandeln in:

$$ {}_{m|}a_x = \frac{D_{x+m+1} + D_{x+m+2} + \ldots + D_\omega}{D_x} \quad (30). $$

Formel (17) geht über in:

$$ {}_{m|}a_x = \frac{N_{x+m}}{D_x} \quad (31). $$

Die Formeln (23), (17) und (31) ergeben:

$$ {}_{|m}a_x = a_x - {}_{m|}a_x \text{ oder } {}_{|m}a_x + {}_{m|}a_x = a_x \quad (32). $$

Formel (32) drückt aus: Die Versicherung auf eine lebenslängliche Postnumerando-Leibrente ist gleichwertig mit dem gleichzeitigen Abschluß einer m-jährigen kurzen Postnumerando-Leibrentenversicherung und einer um m Jahre aufgeschobenen, postnumerando zahlbaren Leibrentenversicherung.

Formel (30) läßt sich auch schreiben:

$$ {}_{m|}a_x = \frac{D_{x+m+1} + D_{x+m+2} + \ldots + D_\omega}{D_{x+m}} \cdot \frac{D_{x+m}}{D_x} = $$

$$ = a_{x+m} \cdot \frac{D_{x+m}}{D_x} \quad (33), $$

wie sich mit Hülfe von (16) ergibt.

Die eben geschilderte Versicherung bezeichnet man auch anstatt einer um m Jahre aufgeschobenen, postnumerando zahlbaren Leibrentenversicherung als eine um m + 1 Jahre aufgeschobene Pränumerando-Leibrentenversicherung. Bei dieser Auffassung wird die einmalige Nettoprämie statt mit ${}_{m|}a_x$ mit ${}_{m+1|}\mathbf{a}_x$ (XVII) bezeichnet. Für Pränumerando-Leibrenten verwendet man immer **a** (Vgl. XIII, XV). Bisweilen läßt man auch bei der geschilderten Versicherung das Wort pränumerando fort und spricht einfach von einer um m + 1 Jahre aufgeschobenen Leibrentenversicherung. (XVII)

Nach Definition ist:

$$ {}_{m|}a_x = {}_{m+1|}a_x \qquad (34), $$

und a_x ist mit ${}_{1|}a_x$ gleichbedeutend.

Versichert sich eine x-jährige Person auf eine um m Jahre aufgeschobene, höchstens n mal, nur solange der Versicherte lebt, zur Auszahlung gelangende, postnumerando zahlbare Leibrente, so bezeichnet man in Analogie mit (XIV) und (XVI) die einmalige Nettoprämie, wenn die
(XVIII) Höhe der Leibrente die Einheit ist, mit ${}_{m|n}a_x$ (XVIII). Die Versicherung heißt eine Versicherung auf eine aufgeschobene, kurze oder aufgeschobene, temporäre Leibrente.

Die erste Zahlung der Versicherungsanstalt findet statt, wenn der x-jährige seinen x + m + 1 ten Geburtstag erlebt, die letzte mögliche Zahlung, wenn der Versicherte x + m + n Jahre alt ist. Formel (13) bez. (16) modifizieren sich in:

$$ {}_{m|n}a_x = \frac{l_{x+m+1}\, v^{m+1} + l_{x+m+2}\, v^{m+2} + \ldots\, l_{x+m+n}\, v^{m+n}}{l_x} \qquad (35), $$

$$ {}_{m|n}a_x = \frac{D_{x+m+1} + D_{x+m+2} + \ldots + D_{x+m+n}}{D_x} \qquad (36). $$

Mit Hülfe von (XII) wird:

$$ {}_{m|n}a_x = \frac{N_{x+m} - N_{x+m+n}}{D_x} \qquad (37). $$

Aus (31) und (37) folgt:

$$ {}_{m|n}a_x = {}_{m|}a_x - {}_{m+n|}a_x \,. \qquad (38). $$

In der Form: ${}_{m|}a_x = {}_{m|n}a_x + {}_{m+n|}a_x$ sieht man die Formel (38) ebenso wie Formel (32) leicht direkt ein.

In Analogie mit (XVII) kann man für ${}_{m|n}a_x$ auch die Bezeichnung ${}_{m+1|n}a_x$ (XIIX$_1$) benützen. Die Versicherung ist dann auch als eine um m + 1 Jahre aufgeschobene, höchstens n malig (pränumerando) zahlbare Leibrentenversicherung zu bezeichnen. Die geschilderte Versicherung kann vorsorglich von einem Vater abgeschlossen werden, der seinen Sohn studieren lassen und ihm für die Studienzeit ein jährliches Stipendium sichern will (Studienrente).

§ 4. Erlebensversicherung.

Bei der Erlebensversicherung mit n-jähriger Dauer bedingt sich ein x-jähriger für den Fall, daß er das Alter $x+n$ erreichen sollte, die Zahlung einer Summe von seiten des Versicherungsinstituts aus; stirbt der Versicherte vor Erleben seines $x+n$ten Geburtstages, so erhält er nichts ausgezahlt. Die einmalige Nettoprämie des x-jährigen für diese Versicherung wird, falls die versicherte Summe die Einheit ist, mit ${}_nE_x$ (XIX) bezeichnet. (XIX)

Denken wir uns eine fingierte Gesellschaft von l_x Personen, die nach der Sterblichkeitstafel aussterben möge, eine Erlebensversicherung auf die Summe 1 abschließen, so hat die Versicherungsanstalt n Jahre nach Abschluß des Vertrages an jede der dann noch lebenden l_{x+n} Personen die Einheit zu zahlen; der Barwert dieser Leistung des Versicherungsunternehmens ist bei Abschluß des Vertrages nach Formel (4): $l_{x+n}\, v^n$. Nach dem Prinzip der Gleichheit von Leistung und Gegenleistung hat folglich die fingierte Gesellschaft bei Abschluß des Vertrages an die Versicherungsanstalt die Summe $l_{x+n}\, v^n$ zu zahlen, die einzelne Person also $\frac{l_{x+n}}{l_x}\, v^n$. Es ist daher:

$$ {}_nE_x = \frac{l_{x+n}}{l_x}\, v^n \qquad (39)$$

oder vermöge (XI)

$$ {}_nE_x = \frac{D_{x+n}}{D_x} \qquad (40).$$

Ein Vater, der seinem Sohn ein Kapital für die Kosten der Einjährigendienstzeit oder seiner Tochter eine Summe für eine angemessene Aussteuer sichern will, wird auf das Leben seiner Kinder eine solche Versicherung abschließen; doch kann dieselbe auch der Vorsorge für die eigenen alten Tage dienen.

Bei den bisher geschilderten Versicherungen wird man Sterblichkeitstafeln mit geringen Sterbenswahrscheinlichkeiten, also Rentnersterbetafeln (vgl. S. 41), benützen; bei allen bisher geschilderten Versicherungen sind die Versicherten an ihrem langen Leben interessiert. Für die Erlebensversicherung von Kindern (Aussteuer- oder Militärdienstversicherung) wird man eine Reihe Rentnersterbetafeln, da diese erst mit höherem Lebensalter beginnen, nicht verwerten können. Die neuen Sterblichkeitstafeln der preußischen Rentenversicherungsanstalt beginnen mit dem Alter 0. Die deutsche Militärdienstversicherungsanstalt in Hannover, welche es entsprechend ihrem Namen besonders mit der Erlebensversicherung jugendlicher Personen zu tun hat, besitzt eine Sterblichkeitstafel aus eigenen Erfahrungen.

§ 5. Einfache Versicherung auf den Todesfall.

Ein x-jähriger versichert sich, daß die Versicherungsanstalt bei seinem Tode an seine Erben die Summe 1 bezahlen soll. Die einmalige Nettoprämie für diese
(XX) Versicherung wird mit A_x (XX) bezeichnet; bei der Herleitung der Formeln wird die Annahme gemacht, daß die versicherte Summe 1 von der Versicherungsanstalt immer erst am Ende des Versicherungsjahres, in welchem der Tod erfolgt, zur Auszahlung gelangt. Wir denken uns eine fingierte Gesellschaft von l_x Personen des Alters x, wie sie die

Sterblichkeitstafel angibt, eine Versicherung eingehen, daß bei dem Tode einer jeden Person die Erben derselben die Einheit erhalten. Nehmen wir an, daß unsere fingierte Gesellschaft nach der Sterblichkeitstafel abstirbt. Im Alter von x bis x + 1 Jahren sterben d_x Personen, an deren Erben die Versicherungsunternehmung die Summe d_x zu zahlen hat; diese Summe kommt nach Annahme erst ein Jahr nach Abschluß des Vertrages zur Auszahlung und hat daher zur Zeit des Abschlusses des Vertrages nach Formel (4) den Barwert $d_x \, . \, v$. Im Alter von x + 1 bis x + 2 Jahren sterben d_{x+1} Personen unserer fingierten Gesellschaft, an deren Erben die Versicherungsunternehmung die Zahlung d_{x+1} zu leisten hat; diese Summe gelangt nach Annahme erst am Schluß des zweiten Versicherungsjahres zur Auszahlung; ihr Barwert ist daher bei Abschluß des Vertrages $d_{x+1} \, . \, v^2$. Auf diese Art und Weise ist mit der Rechnung fortzufahren. Ist ω nach der Sterbetafel das höchste Lebensalter, so sterben im Alter von ω bis $\omega + 1$ Jahren alle Personen unserer fingierten Gesellschaft aus; an die Erben der im Alter ω bis $\omega + 1$ sterbenden Personen ist am Schluß des $\omega + 1 - x$ ten Versicherungsjahres die Summe d_ω von der Versicherungsanstalt zu zahlen; der Barwert dieser Summe ist zur Zeit des Abschlusses des Vertrages $d_\omega \, . \, v^{\omega+1-x}$. Durch Summation dieser Posten findet man den Wert der Gesamtleistungen des Versicherungsunternehmens bei Abschluß des Vertrages:

$$d_x \, . \, v + d_{x+1} \, v^2 + d_{x+2} \, v^3 + \ldots \, d_\omega \, v^{\omega+1-x}.$$

Nach dem Prinzip der Gleichheit von Leistung und Gegenleistung muß die fingierte Gesellschaft von l_x Personen an das Versicherungsunternehmen die eben gefundene Summe als einmalige Nettoprämie einzahlen;

eine Person zahlt mithin den $l_x$ten Teil. Es ist daher:

$$A_x = \frac{d_x v + d_{x+1} v^2 + \ldots d_\omega v^{\omega+1-x}}{l_x} \quad (41).$$

Setzt man nach (VI) $d_x = l_x - l_{x+1}$, so wird:

$$A_x = \frac{(l_x - l_{x+1})v + (l_{x+1} - l_{x+2})v^2 + \ldots (l_\omega - l_{\omega+1})v^{\omega+1-x}}{l_x}$$

$$= \frac{v\, l_x + v^2\, l_{x+1} + v^3 l_{x+2} + \ldots + l_\omega v^{\omega+1-x}}{l_x}$$

$$- \frac{v l_{x+1} + v^2 l_{x+2} + v^3 l_{x+3} \ldots + l_\omega v^{\omega-x} + l_{\omega+1} v^{\omega+1-x}}{l_x}.$$

Beachtet man Formel (13) und setzt $l_{\omega+1} = 0$, da ja im Alter ω bis $\omega + 1$ alle Personen der Sterblichkeitstafel aussterben, so wird:

$$A_x = v + v \,.\, a_x - a_x = 1 + (v - 1) + (v - 1)\, a_x =$$
$$= 1 + (v - 1)\,(a_x + 1). \quad (42).$$

Formel (42) gestattet bequem, A_x aus a_x zu berechnen. Bestimmt man A_x nach Formel (42), so ist natürlich a_x — die einmalige Nettoprämie einer Postnumerando-Leibrentenversicherung — in diesem Falle nicht auf Grund einer Sterblichkeitstafel für Leibrentenversicherungen, sondern einer solchen für Todesfallversicherungen zu berechnen.

(XXI) Man setzt $C_x = d_x \,.\, v^{x+1}$ (XXI) und nennt C_x die Zahl der diskontierten Toten des Alters x. C_x ist deswegen als Bezeichnung gewählt, weil der Buchstabe C dem D im Alphabet voraufgeht und D_x die Zahl der diskontierten Lebenden des Alters x war. Man beachte aber, daß im Gegensatz zu (XI) C_x rechter Hand v^{x+1} als Faktor des d_x hat.

Man definiert

(XXII) $$M_x = C_x + C_{x+1} + \ldots + C_\omega \quad \text{(XXII)}.$$

M ist als der dem N voraufgehende Buchstabe gewählt (vgl. XII); doch beachte man, daß M_x eine Summe von $\omega + 1 - x$, N_x nur eine solche von $\omega - x$ Summanden ist. Formel (41) geht, wenn man Zähler und Nenner mit v^x gliedweise multipliziert und (XI) und (XXI) beachtet, in:

$$A_x = \frac{C_x + C_{x+1} + \ldots + C_\omega}{D_x} \qquad (43)$$

über. Benützt man (XXII), so wird (43):

$$A_x = \frac{M_x}{D_x} \qquad (44).$$

Für die Rechnungen von Todesfallversicherungen hat man gewöhnlich D_x, C_x und M_x tabuliert. Die Berechnung von M_x geschieht am einfachsten rekurrent, mit $M_\omega = C_\omega$ beginnend, indem man die Relation $M_x = C_x + M_{x+1}$ beachtet.

Aus (41) folgt:

$$A_x = v\frac{d_x}{l_x}\left(1 + \frac{d_{x+1}\,v + d_{x+2}\,v^2 + \ldots + d_\omega\,v^{\omega - x}}{d_x}\right) (45).$$

Beachtet man, daß nach (41):

$$A_{x+1} = \frac{d_{x+1}\,v + d_{x+2}\,v^2 + \ldots + d_\omega\,v^{\omega - x}}{l_{x+1}},$$ so geht (45) über in:

$$A_x = v\frac{d_x}{l_x}\left(1 + \frac{l_{x+1}}{d_x} A_{x+1}\right)$$

$$= \frac{v}{l_x}\left(d_x + l_{x+1}\,A_{x+1}\right) \qquad (46).$$

Formel (46) kann in genau analoger Weise wie Formel (14) auch direkt bewiesen werden.

Führt man in (46) nach (VII) und (VIII) $p_x = \frac{l_{x+1}}{l_x}$, $q_x = \frac{d_x}{l_x}$ ein, so erhält man:

$$A_x = v\,(q_x + p_x\,A_{x+1}) \qquad (47).$$

Da alle ω-jährigen Personen der Sterbetafel im Alter ω bis $\omega + 1$ sterben, so ist offenbar $p_\omega = 0$ und für $x = \omega$ wird (47):

$$A_\omega = v\, q_\omega\,. \tag{48}$$

Formel (47) gestattet, für jeden ganzzahligen Wert des x das A_x zu finden, wenn A_{x+1} bekannt ist. Nach (48) ist A_ω bekannt; man kann daher zunächst $A_{\omega-1}$, dann $A_{\omega-2}$ u. s. w. der Reihe nach bestimmen.

Für den Zinsfuß $3\frac{1}{2}\,\%$, also $v = \frac{1}{1{,}035}$, und die Sterblichkeitstafel 23 D. G. M u. W I wird:

$$A_{25} = 0{,}33088,\quad A_{30} = 0{,}36320,$$
$$A_{40} = 0{,}44357,\quad A_{50} = 0{,}54286,$$
$$A_{60} = 0{,}65353,\quad A_{70} = 0{,}76148.$$

Ein dreißigjähriger Mann, der sich auf eine bei seinem Tode zahlbare Sterbesumme von 10,000 Mark versichern will, hat bei den angegebenen Grundlagen 3632,00 Mark als einmalige Nettoprämie zu zahlen. Da für 23 D. G. M u. W I $\omega = 89$ ist, so zahlen die meisten nach diesen Tafeln rechnenden Institute, falls der Tod des Versicherten nicht früher eintritt, die versicherte Summe am 90sten Geburtstage.

Die einmalige Prämienzahlung ist für eine einfache Versicherung auf den Todesfall nicht sehr gebräuchlich, da sie bei einer größeren versicherten Summe zu hoch ist. Das System der einmaligen Prämienzahlung ist für die kleinen Summen der Volksversicherung empfohlen worden. (System Hitze. Vgl. Zeitschr. f. d. gesamte Versicherungswissenschaft, II, S. 134.)

§ 6. Temporäre und gemischte Versicherung auf den Todesfall.

Versichert sich eine x-jährige Person auf eine Summe, die nur dann zur Auszahlung von seiten der Versicherungsanstalt gelangt, wenn der Tod der versicherten Person innerhalb der nächsten n Jahre nach Abschluß des Vertrages eintritt, so spricht man von einer **n-jährigen, temporären** oder **kurzen** oder **ablaufenden** Versicherung auf den Todesfall. Die einmalige von dem Versicherten zu zahlende Nettoprämie wird, falls die versicherte Summe 1 ist, mit $|_n A_x$ (analog dem $|_n a_x$) (XXIII) bezeichnet. Das Versicherungs- (XXIII)
institut hat bei dieser Versicherung genau dieselben Leistungen wie bei der einfachen Versicherung auf den Todesfall übernommen; nur erhalten hier die Erben, falls der x-jährige seinen x + n ten Geburtstag erlebt, nichts ausgezahlt. Die Formeln (41) und (43) gehen daher über in:

$$|_n A_x = \frac{d_x v + d_{x+1} v^2 + \ldots + d_{x+n-1} v^n}{l_x} \quad (49),$$

$$|_n A_x = \frac{C_x + C_{x+1} + \ldots + C_{x+n-1}}{D_x} \quad (50).$$

Vermöge (XXII) wird:

$$|_n A_x = \frac{M_x - M_{x+n}}{D_x} \qquad (51) \text{ oder}$$

$$|_n A_x = \frac{M_x}{D_x} - \frac{M_{x+n}}{D_{x+n}} \cdot \frac{D_{x+n}}{D_x} = A_x - \frac{D_{x+n}}{D_x} A_{x+n} \quad (52);$$

denn nach (44) ist $A_x = \frac{M_x}{D_x}$.

Versichert sich ein x-jähriger bei einer Lebensversicherungsanstalt derartig, daß das versicherte Kapital, wenn der Versicherte innerhalb der nächsten n Jahre

nach Abschluß des Vertrages stirbt, nach erfolgtem Tode[1] den Erben, wenn der Versicherte hingegen $x + n$ Jahre alt wird, an seinem $x + n$ ten Geburtstage ihm selbst ausgezahlt wird, so spricht man von einer gemischten oder abgekürzten Versicherung auf den Todesfall. Diese Versicherung dient der Sicherstellung der Hinterbliebenen bei frühzeitigem Tode sowie der eigenen Altersversorgung; sie ist Kombination der temporären Versicherung auf den Todesfall mit der Erlebensversicherung. Ist die versicherte Summe die Einheit, so bezeichnet man die einmalige Nettoprämie für diese gemischte
(XXIV) Versicherung mit $A_{x\overline{n}|}$ (XXIV); offenbar ist $A_{x\overline{n}|}$ die Summe der einmaligen Nettoprämie für eine n-jährige kurze Versicherung auf den Todesfall und der einmaligen Nettoprämie der Erlebensversicherung des x-jährigen auf das Alter $x + n$; daher wird:

$$A_{x\overline{n}|} = {}_{|n}A_x + {}_nE_x \qquad (53).$$

Wegen Formel (53) bezeichnet man $A_{x\overline{n}|}$ bisweilen auch mit ${}_{|n}Æ_x$. Mit Hülfe von (49) und (39) geht (53) über in: $A_{x\overline{n}|} =$

$$\frac{d_x v + d_{x+1} v^2 + \ldots + d_{x+n-1} v^n + l_{x+n} v^n}{l_x} \qquad (54).$$

Nach (50) und (40) bez. (51) und (40) geht (53) über in:

$$A_{x\overline{n}|} = \frac{C_x + C_{x+1} + \ldots + C_{x+n-1} + D_{x+n}}{D_x} =$$

$$= \frac{M_x - M_{x+n} + D_{x+n}}{D_x} \qquad (55).$$

Durch (52) und (40) geht (53) über in:

$$A_{x\overline{n}|} = A_x - \frac{D_{x+n}}{D_x} A_{x+n} + \frac{D_{x+n}}{D_x} =$$

[1] d. h. am Schlusse des Versicherungsjahres, in welchem der Tod eingetreten ist.

$$= A_x - \frac{D_{x+n}}{D_x}(A_{x+n} - 1) \qquad (56).$$

Hat man A_x für alle Werte des x tabuliert, so ist $A_{x\overline{n}|}$ leicht nach (56) zu berechnen.

Beachtet man, daß $d_{x+n-1} = l_{x+n-1} - l_{x+n}$ und daher $d_{x+n-1} + l_{x+n} = l_{x+n-1}$ ist, so geht Formel (54) über in: $A_{x\overline{n}|} =$

$$\frac{d_x v + d_{x+1} v^2 + \ldots d_{x+n-2} v^{n-1} + l_{x+n-1} v^n}{l_x} \qquad (57).$$

Vergleicht man (57) mit dem durch Formel (41) gegebenen A_x, so folgt: $A_{x\overline{n}|}$ kann auch als einmalige Nettoprämie einer einfachen Versicherung auf den Todesfall angesehen werden, bei der eine fingierte Sterbetafel verwandt wird, welche bis zum Alter $x + n - 1$ genau dieselbe Absterbeordnung wie die wirkliche Sterbetafel aufweist; im Alter $x + n - 1$ bis $x + n$ aber sterben alle l_{x+n-1} das $x + n - 1$te Lebensjahr überlebenden Personen.

Setzt man in Formel (57) $d_x = l_x - l_{x+1}$, $d_{x+1} = l_{x+1} - l_{x+2}$, u. s. w., so erhält man:

$$A_{x\overline{n}|} = \frac{(l_x - l_{x+1}) v + (l_{x+1} - l_{x+2}) v^2 + \ldots}{l_x}$$

$$\frac{+ (l_{x+n-2} - l_{x+n-1}) v^{n-1} + l_{x+n-1} v^n}{l_x} =$$

$$= \frac{l_x v + l_{x+1} v^2 + l_{x+2} v^3 + \ldots + l_{x+n-1} v^n}{l_x} -$$

$$- \frac{l_{x+1} v + l_{x+2} v^2 + \ldots + l_{x+n-1} v^{n-1}}{l_x} =$$

$$= v + v\left(\frac{l_{x+1} v + l_{x+2} v^2 + \ldots + l_{x+n-1} v^{n-1}}{l_x}\right) -$$

$$- \frac{l_{x+1} v + l_{x+2} v^2 + \ldots + l_{x+n-1} v^{n-1}}{l_x} =$$

$= v + v. {}_{|n-1}a_x - {}_{|n-1}a_x = v + (v-1). {}_{|n-1}a_x =$

$= 1 + v - 1 + (v-1) {}_{|n-1}a_x =$

$= 1 + (v-1) ({}_{|n-1}a_x + 1)$ (58).

Formel (58) ist analog wie Formel (42) gebaut; bei der Herleitung von (58) ist (21) benützt worden.

§ 7. Versicherung auf den Todesfall mit Karenzzeit.

Versichert sich eine x-jährige Person, daß ihre Erben bei ihrem Tode, wenn derselbe nicht innerhalb der nächsten m Jahre nach Abschluß des Vertrages eintritt, ein bestimmtes Kapital ausgezahlt erhalten sollen, so spricht man von einer Versicherung auf den Todesfall mit m-jähriger Karenzzeit oder auch von einer um m Jahre aufgeschobenen Versicherung auf den Todesfall. Ist das versicherte Kapital die Einheit, so bezeichnet man (vgl. Bezeichnung XVI) die einmalige Nettoprämie für diese Ver-
(XXV) sicherung mit ${}_{m|}A_x$ (XXV). Das versicherte Kapital wird von der Versicherungsanstalt nur dann an die Erben des Versicherten bezahlt, wenn derselbe im Alter $x+m$ bis $x+m+1$ oder in höherem Lebensalter stirbt. Formel (41) modifiziert sich daher in:

$$ {}_{m|}A_x = \frac{d_{x+m} v^{m+1} + d_{x+m+1} v^{m+2} + \ldots + d_\omega v^{\omega+1-x}}{l_x} \quad (59), $$

und Formel (43) in:

$$ {}_{m|}A_x = \frac{C_{x+m} + C_{x+m+1} + \ldots + C_\omega}{D_x} \quad (60). $$

Infolge der Definition des M_x nach (XXII) ergibt sich aus (60):
$$ {}_{m|}A_x = \frac{M_{x+m}}{D_x} \quad (61). $$

Aus (61), (51) und (44) folgt:

$$ {}_{m|}A_x + {}_{|m}A_x = A_x \quad (62). $$

Diese Relation ist auch aus der Definition der Größen unmittelbar klar.

Eine x-jährige Person kann auch eine um m Jahre aufgeschobene Versicherung auf den Todesfall eingehen, bei der die Erben die Sterbesumme nur dann erhalten sollen, wenn der Tod in den der m-jährigen Karenzzeit unmittelbar folgenden n Jahren eintritt. Ist die versicherte Summe 1, so bezeichnet man die einmalige Nettoprämie in Analogie mit (XVIII) durch ${}_{m|n}A_x$ (XXVI). Es wird: (XXVI)

$$ {}_{m|n}A_x = \frac{d_{x+m}v^{m+1} + d_{x+m+1}v^{m+2} + \ldots + d_{x+m+n-1}v^{m+n}}{l_x} \quad (63), $$

$$ {}_{m|n}A_x = \frac{C_{x+m} + C_{x+m+1} + \ldots + C_{x+m+n-1}}{D_x} \quad (64), $$

$$ {}_{m|n}A_x = \frac{M_{x+m} - M_{x+m+n}}{D_x} \quad (65), $$

$$ {}_{m|}A_x = {}_{m|n}A_x + {}_{m+n|}A_x \quad (66). $$

Diese Formeln sind die Analoga zu (59)—(62).

§ 8. Todesfallversicherung mit unmittelbarer Auszahlung nach dem Ableben.

Bei der einfachen Todesfallversicherung im § 5 sowie auch bei den in den folgenden §§ behandelten Versicherungen auf den Todesfall machten wir die Annahme, daß die versicherte Summe erst immer am Schlusse des Versicherungsjahres, in dem der Tod eingetreten ist, zur Auszahlung gelangt. (Vgl. S. 62.) Alter französischer Brauch war es, die Formeln so zu berechnen, als wenn die versicherte Summe von seiten des Versicherungsinstitutes schon bei Beginn des Versicherungsjahres, in welchem der Tod erfolgt, zu zahlen wäre.[1] Bei dieser Annahme wird die einmalige Nettoprämie des Versicherten nicht durch (41) bestimmt, sondern durch:

$$\frac{d_x + d_{x+1}\, v + d_{x+2}\, v^2 + \ldots + d_\omega\, v^{\omega - x}}{l_x} = \frac{A_x}{v}$$

$$= A_x\,(1+i);\ \text{denn nach (II) ist}\ v = \frac{1}{1+i}.$$

Bei der Art und Weise, wie A_x berechnet wurde, kann vom Eintritt des Todes bis zur Auszahlung der versicherten Summe 0 bis 1 Jahr vergehen. Nehmen wir eine gleichmäßige Verteilung der Todesfälle im Laufe eines Jahres an, so ist bei Benützung von A_x vorausgesetzt, daß die Auszahlung der versicherten Summe durchschnittlich ein halbes Jahr nach erfolgtem Tode stattfindet. Rechnet man mit $A_x\,(1+i)$, so sind alle Todesfälle immer am Anfang des Versicherungsjahres eintretend gedacht. Die Formel $A_x\,(1+i)$ beruht also auf der Voraussetzung, daß die Auszahlung ein halbes Jahr vor dem eingetretenen Tode stattzufinden hätte; natürlich ist $A_x\,(1+i) > A_x$.

Die meisten Versicherungsanstalten zahlen, sobald die nötigen amtlichen Papiere vorgelegt sind, unmittelbar nach dem Tode, einige Gesellschaften erst drei Monate später. Trotzdem wird meistens in der Praxis bei deutschen Lebensversicherungsanstalten für die einmalige Nettoprämie A_x verwandt. Bei unmittelbarer Auszahlung nach dem Tode nimmt man bisweilen als einmalige Nettoprämie den Mittelwert aus A_x und der französischen Nettoprämie $A_x\,(1+i)$, also

[1] Dieser Gebrauch ist jetzt in Frankreich aufgegeben; man macht dort heute meistens die Annahme, daß der Auszahlungstermin durchschnittlich in die Mitte des Versicherungsjahres fällt. (Ber. des eidg. Versicherungsamtes über das Jahr 1893, S. 21.)

$$A_x\left(1+\frac{i}{2}\right) \qquad (67).$$

Will man bei der temporären und aufgeschobenen Todesfallversicherung eine Erhöhung der einmaligen Nettoprämie wegen unmittelbarer Auszahlung nach dem Ableben eintreten lassen, so kann man in Analogie mit (67) für $|_n A_x$ und $_n|A_x$ wählen:

$$|_n A_x\left(1+\frac{i}{2}\right) \text{ bez. } {}_n|A_x\left(1+\frac{i}{2}\right).$$

Will man die einmalige Nettoprämie $A_{x\overline{n}|}$ für die abgekürzte Versicherung auf den Todesfall infolge unmittelbarer Auszahlung nach dem Ableben erhöhen, so beachte man, daß in (53) nur $|_n A_x$, nicht aber $_nE_x$, das sich auf einen festen Termin bezieht, mit dem Faktor $1+\frac{i}{2}$ zu multiplizieren ist.

§ 9. Terminliche Leibrente.

Bei den bisher behandelten Versicherungen sollte das Versicherungsinstitut das versicherte Kapital stets entweder einmalig oder alljährlich in gleicher Höhe auszahlen. Bei Leibrenten findet häufig auch die Auszahlung in kürzeren als jährlichen Terminen statt. Wir nehmen an: eine x-jährige Person versichert sich bei einer Rentenanstalt, daß sie, beim Abschluß des Vertrages beginnend, alle $\frac{1}{m}$-tel Jahre bis zu ihrem Tode eine Leibrente in der gleichen Höhe von $\frac{1}{m}$ ausgezahlt erhalten soll. Die einmalige Nettoprämie bezeichnet man in Analogie mit (XIII) durch $a_x^{(m)}$ (XXVII). (XXVII

Der Versicherte erhält, wie man sagt, die Leibrente ratenweise oder in Terminen ausgezahlt; man spricht auch von einer *Pränumerando-Leibrente von unterjähriger Fälligkeit.* In der Praxis wird meistens $m = 2$ und $m = 4$, d. h. die halb- und vierteljährliche Auszahlung, gewählt.

Wir wollen für $\mathbf{a}_x^{(m)}$ eine Näherungsformel ableiten, die sich einfach finden läßt und am häufigsten praktisch verwandt wird. Wir verfahren auf folgende Art: Die einmalige Nettoprämie für eine lebenslängliche, alljährlich in Höhe der Einheit, pränumerando zahlbare Leibrente ist $\mathbf{a}_x$ (vgl. § 2); hingegen beträgt die einmalige Nettoprämie für eine lebenslängliche, alljährlich in Höhe der Einheit postnumerando zahlbare Leibrente $a_x = \mathbf{a}_x - 1$ (vgl. § 1). Die Differenz zwischen beiden Rentenwerten ist 1. Wir nehmen an, daß der Übergang des Barwertes der Pränumerando-Leibrente in den Barwert der Postnumerando-Leibrente, deren erste Zahlung ein Jahr später als bei der Pränumerando-Leibrente erfolgt, proportional der Zeit vor sich geht. Nach unserer Annahme soll also jemand für eine Leibrente in Höhe der Einheit, die zum ersten Male nach $\frac{f}{m}$ Jahresteilen nach Abschluß des Vertrages und dann stets ein Jahr später von der Versicherungsanstalt, solange der Versicherte diese Termine erlebt, zur Auszahlung gelangt, als einmalige Nettoprämie $\mathbf{a}_x - \frac{f}{m}$ zahlen; f bedeutet dabei irgend eine der ganzen positiven Zahlen von 0 bis m. Addiert man daher die Leibrentenwerte $\mathbf{a}_x$, $\mathbf{a}_x - \frac{1}{m}$, $\mathbf{a}_x - \frac{2}{m}$,

$a_x - \frac{3}{m}, \ldots a_x - \frac{m-1}{m}$, von denen sich der erste auf eine sofort, der zweite auf eine nach $\frac{1}{m}$tel Jahr beginnende, u. s. w., der letzte schließlich auf eine nach $\frac{m-1}{m}$tel Jahren beginnende Jahresleibrente beziehen, so erhält man die einmalige Nettoprämie für eine Leibrente, welche, bei Abschluß des Vertrages beginnend, jedes $\frac{1}{m}$tel Jahr in Höhe der Einheit, solange der Versicherte lebt, zur Auszahlung gelangt. Es ist:

$$a_x + a_x - \frac{1}{m} + a_x - \frac{2}{m} + a_x - \frac{3}{m} + \cdot\cdot a_x - \frac{m-1}{m} =$$

$$= m\,a_x - \frac{1}{m} - \frac{2}{m} \ldots - \frac{m-1}{m} =$$

$$= m\,a_x - \frac{1}{m}(1 + 2 + \ldots + m - 1) =$$

$$= m\,a_x - \frac{1}{m}\,\frac{m(m-1)}{2} = m\,a_x - \frac{m-1}{2}.$$

$m\,a_x - \frac{m-1}{2}$ ist die einmalige Nettoprämie für eine sofort beginnende, alle $\frac{1}{m}$tel Jahre fällige Rente 1; die einmalige Nettoprämie für eine sofort beginnende, alle $\frac{1}{m}$tel Jahre zur Auszahlung gelangende Leibrente in Höhe $\frac{1}{m}$ ist daher der m te Teil von $m\,a_x - \frac{m-1}{2}$;

folglich wird: $$a_x^{(m)} = a_x - \frac{m-1}{2m} \qquad (68).$$

Versichert sich ein x-jähriger, daß er sofort beginnend, alle Vierteljahre, solange er lebt, die Summe 1 erhalten soll, so hat er die einmalige Nettoprämie $4\,a_x^{(4)} = 4\left(a_x - \frac{3}{8}\right)$ zu zahlen.

Findet bei der terminlichen Zahlungsweise der Leibrente die erste Zahlung von seiten der Versicherungsanstalt nicht bei Abschluß des Vertrages, sondern erst $\frac{1}{m}$tel Jahr nach Abschluß des Vertrages statt, so spricht man von einer postnumerando zahlbaren terminlichen oder unterjährigen Leibrente. Findet jedes $\frac{1}{m}$tel Jahr die Auszahlung der Summe $\frac{1}{m}$ statt, so wird die einmalige Nettoprämie in Analogie mit (X) durch $\mathit{a}_x^{(m)}$ bezeichnet; es ist offenbar

$$\mathit{a}_x^{(m)} = a_x^{(m)} - \frac{1}{m} \qquad (69).$$

§ 10. **Versicherung mit veränderlicher Auszahlung.**

Bisher nahmen wir stets an, daß die Höhe der zur Auszahlung gelangenden versicherten Summe unabhängig von dem Zeitpunkt der Auszahlung ist. Diese Annahme wird auch im folgenden stets beibehalten; nur in diesem §, sowie im Kap. V, § 2 behandeln wir Versicherungen, bei welchen die Auszahlung von der Zeit abhängt. Eine x-jährige Person versichert sich, daß, wenn sie im Alter von x bis x + 1 Jahren stirbt, die Summe S_1, wenn sie im Alter von x + 1 bis x + 2 Jahren stirbt, die Summe S_2, u. s. w., wenn sie im Alter von x + n — 1 bis x + n Jahren stirbt, die Summe

S_n an ihre Erben zur Auszahlung gelangt, aber, wenn sie das $x+n$te Lebensjahr erlebt, die Summe S von der Versicherungsanstalt an sie selbst bezahlt wird. Denkt man sich eine fingierte Gesellschaft von l_x Personen, die nach der Sterblichkeitstafel ausstirbt, diese Versicherung abschließen, so ist der Barwert aller Leistungen des Versicherungsinstituts bei Abschluß des Vertrages, wenn die für die Todesfälle zu zahlenden Sterbesummen stets am Schluß des Versicherungsjahres bezahlt werden, wie sich aus dem Ansatz in § 5 und in Analogie mit dem Zähler der Formel (54) ergibt:

$$S_1 d_x v + S_2 d_{x+1} v^2 + S_3 d_{x+2} v^3 + \ldots + S_n d_{x+n-1} v^n + S l_{x+n} v^n.$$

Die Leistung an eine der l_x Personen beträgt mithin:

$$\frac{S_1 d_x v + S_2 d_{x+1} v^2 + S_3 d_{x+2} v^3 + \ldots + S_n d_{x+n-1} v^n + S l_{x+n} v^n}{l_x} \quad (70).$$

Nach dem Prinzip der Gleichheit von Leistung und Gegenleistung stellt (70) die einmalige Nettoprämie für die geschilderte gemischte Todesfallversicherung mit variabler Auszahlung dar. Durch Multiplikation von Zähler und Nenner mit v^x und Einführung von $C_x = d_x v^{x+1}$ (XXI) und $D_x = l_x v^x$ (XI) nimmt (70) die Form an:

$$\frac{S_1 C_x + S_2 C_{x+1} + S_3 C_{x+2} + \ldots + S_n C_{x+n-1} + S D_{x+n}}{D_x} \quad (71).$$

$S_1 = S_2 = \ldots = S_n = 1$ ergibt die Formeln (54) bez. (55).

Für die Praxis wichtig ist auch die Annahme $S_2 = 2 S_1$, $S_3 = 3 S_1$, $S_4 = 4 S_1, \ldots S_n = n S_1$, $S = n S_1$; die Formel (71) geht über in:

$$S_1 . \frac{C_x + 2 C_{x+1} + 3 C_{x+2} + \ldots + n C_{x+n-1} + n D_{x+n}}{D_x} \quad (72).$$

Kapitel IV.

Jährliche, gleichbleibende Prämienzahlung.

§ 1. Zurückführung der jährlichen Prämien auf die Zahlung der einmaligen Prämie.

Gewöhnlich übersteigt die Bezahlung einer einmaligen Prämie die finanziellen Kräfte desjenigen, der sich die Vorteile einer Versicherung verschaffen will; er zieht es daher vor, mehrfach an die Versicherungsanstalt Prämien, die dann kleiner ausfallen, zu zahlen. Die in der Praxis gewöhnlich vorkommenden Fälle sind, daß der Versicherte (a) lebenslänglich oder (b) während eines Zeitraumes von t Jahren, natürlich bei früherem Tode des Versicherten aufhörend, *alljährlich* dieselbe gleichbleibende Prämienzahlung leistet. Wir bezeichnen die jährlich gleichbleibende Nettoprämie, welche der Versicherte für die unter den obigen Bedingungen abgeschlossene Versicherung vertragsmäßig zahlen will, falls die versicherte Summe oder Rente die Einheit
(XXVIII) ist, mit P (XXVIII). Wir können offenbar annehmen, daß die erstmalige Zahlung der Summe P von seiten des Versicherten bei Abschluß des Vertrages stattfindet; denn die Versicherungsanstalt hat kein Interesse, ohne eine erste Anzahlung erhalten zu haben, den Vertrag in Kraft treten zu lassen.

Um P zu finden, kann man sich das Versicherungsinstitut als Rentenempfänger von seiten des Versicherten vorstellen. Bezeichnet man mit a die Nettoprämie einer Leibrente einer x-jährigen Person, die zum ersten Male in der Höhe der Einheit zur Zeit des Abschlusses des Vertrages und dann, ebenso wie der Versicherungsvertrag laufend, alljährlich entweder (a) lebenslänglich oder

(b) noch t—1 mal, mit dem Tode des Versicherten aufhörend, in Höhe der Einheit zur Auszahlung gelangt, so hat die insgesamt von dem Versicherten an die Versicherungsanstalt zu zahlende Summe zur Zeit des Abschlusses des Vertrages den Wert P. a. Wir können P. a auch als die einmalige Ablösungssumme (vgl. S. 56) erklären, durch welche sich der Versicherte von der wiederholten jährlichen Zahlung der Summe P befreit.

Unter A wollen wir die einmalige Nettoprämie verstehen, die der Versicherte an die Versicherungsanstalt zu zahlen hätte, um die versicherte Summe oder Rente 1 zu erwerben, welche derselbe durch wiederholte jährliche Zahlungen P erlangt. Nun muß es gleich sein, ob der Versicherte an das Versicherungsinstitut einmalig die Summe A oder wiederholt die Summe P, welche bei Abschluß des Vertrages den Wert P a repräsentiert, zahlt. Hieraus folgt die Gleichung: $A = aP$ oder

$$P = \frac{A}{a} \qquad (73).$$

Lautet der Vertrag, daß der Versicherte alljährlich (a) bis zu seinem Lebensende die Zahlung P zu leisten hat, so ist, falls der Versicherte bei Abschluß des Vertrages x Jahre zählt, offenbar nach (XIII)

$$a = a_x = \mathit{a}_x + 1 \qquad (74).$$

Lautet der Vertrag, daß der Versicherte (b) bis zu seinem Tode, jedoch im Maximum t mal, die Prämie P zu zahlen hat, so ist a die Nettoprämie für eine t-jährige, kurze Pränumerando-Leibrentenversicherung auf die Summe 1. (Vgl. XV). Daher ist im Falle (b)

$$a = |_t a_x \qquad (75)$$

oder nach Gleichung (28):

$$a = 1 + |_{t-1}\, \mathit{a}_x \qquad (76)$$

oder nach Gleichung (27)

$$a = \frac{N_{x-1} - N_{x+t-1}}{D_x} \qquad (77).$$

Im Falle (a) spricht man von lebenslänglicher, im Falle (b) von abgekürzter Prämienzahlung.

Wir wenden die Gleichungen (73)—(77) auf die verschiedenen Versicherungen des Kap. III an. Eine lebenslängliche sowie temporäre Leibrente, die zum ersten Male ein Jahr nach Abschluß des Vertrages ausgezahlt werden, werden nur durch einmalige Einzahlungen des Versicherten erkauft; denn sonst würden ja in den folgenden Jahren gleichzeitig sowohl vom Versicherten wie Versichernden Zahlungen stattzufinden haben, was sinnlos wäre.

§ 2. **Aufgeschobene Leibrenten.**

Wir bestimmen die jährlich gleichbleibende Nettoprämie, welche eine x-jährige Person für eine um m Jahre aufgeschobene, postnumerando zahlbare Leibrente in der Höhe 1 zu zahlen hat, wenn die Prämienzahlung t Jahre hindurch, bei Abschluß des Vertrages beginnend, alljährlich in gleichen Beträgen zu leisten ist. Die jährliche Prämie für die geschilderte Versicherung wird
(XXIX) mit ${}_tP\,({}_m|a_x)$ (XXIX) bezeichnet und ergibt sich aus (73), da infolge von (XVI) $A = {}_m|a_x$ und infolge von (75) $a = |_t\,a_x$ werden:

$${}_tP\,({}_m|a_x) = \frac{{}_m|a_x}{|_t a_x} \qquad (78).$$

Durch die Formeln (31) und (77) geht (78) über in:

$${}_tP\,({}_m|a_x) = \frac{N_{x+m}}{N_{x-1} - N_{x+t-1}} \qquad (79).$$

Bezüglich der Bezeichnung (XXIX) ist folgende allgemeine Bemerkung zu machen: Das Symbol

P für die Jahresprämie wird mit dem Symbol, welches die einmalige Prämie der Versicherung darstellt, verbunden; der Index t, welcher die Art der Prämienzahlung andeutet, ist dem P vorzusetzen.

Bei der geschilderten Versicherung wird die jährliche Prämie gewöhnlich $m+1$ mal, d. h. bis ein Jahr vor dem Rentenbeginn, also während der gesamten Aufschubszeit, bezahlt. Es ist dann $t=m+1$.

Beispiel: Ein Privatbeamter, der an seinem nächsten Geburtstage das 30te Lebensjahr vollendet, wünscht eine bei Beginn seines 65ten Lebensjahres beginnende, alljährlich zahlbare Pension in Höhe von 1000 Mk. zu haben. Versichert sich derselbe bei Vollendung seines 30ten Lebensjahres, so hat er für diese Pension, bis er sie empfängt, alljährlich 35 mal: Mk. $\frac{1000\ N_{64}}{N_{29}-N_{64}}$ zu zahlen. $x+m+1=65$, $x=30$; nach der Männersterbetafel der preußischen Rentenversicherungsanstalt ist bei einem Zinsfuß von $3^1/_2$ % $N_{29}=507532{,}4$, $N_{64}=39075{,}56$; die jährliche Nettoprämie beträgt mithin Mk.: 83,42.

Die jährlich gleichbleibende Prämie für eine um m Jahre aufgeschobene, temporäre, postnumerando zahlbare Leibrente, welche während n Jahren in Höhe der Einheit zur Auszahlung gelangen soll, wird, falls die Prämienzahlung von dem Versicherten t mal, bei Abschluß des Vertrages beginnend, jedenfalls mit dem Tode aufhörend, zu geschehen hat, bezeichnet mit $_tP\,({}_{m|n}a_x)$; denn nach (XVIII) ist die einmalige Nettoprämie für die geschilderte Versicherung $_{m|n}a_x$. Die Anwendung der Gleichungen (73) und (75) ergibt, da $A={}_{m|n}a_x$ zu setzen ist,

$$ {}_{t}P\,(_{m|n}a_x) = \frac{_{m|n}a_x}{_{|t}a_x} \qquad (80). $$

Vermöge der Gleichungen (37) und (77) erhält man:

$$ {}_{t}P\,(_{m|n}a_x) = \frac{N_{x+m} - N_{x+m+n}}{N_{x-1} - N_{x+t-1}} \qquad (81). $$

Gewöhnlich erfolgt auch hier die Prämienzahlung bis ein Jahr vor dem Rentenbeginn, also $t = m + 1$. Man kann auch $t < m + 1$ vereinbaren; $t > m + 1$ auszubedingen, ist nicht gebräuchlich, weil dann gleichzeitig von beiden Seiten Zahlungen zu leisten wären.

§ 3. Erlebensversicherung und Versicherung mit festem Auszahlungstermine.

Versichert sich eine x-jährige Person auf die Summe 1, welche nur bei Erleben des $x + n$ten Geburtstages zur Auszahlung gelangt, und soll die Prämienzahlung, mit Abschluß des Vertrages beginnend, t Jahre hindurch, natürlich beim Tode aufhörend, jährlich gleichbleibend erfolgen, so beträgt die jährliche Nettoprämie nach Formel (73):

$$ \frac{_nE_x}{_{|t}a_x} \qquad (82); $$

da nach (XIX) $A = {}_nE_x$ und nach (75) $a = {}_{|t}a_x$ werden. Setzt man für ${}_nE_x$ und ${}_{|t}a_x$ die Werte aus (40) bez. (77), so wird die jährliche Prämie der geschilderten Versicherung, die mit ${}_tP\,({}_nE_x)$ zu bezeichnen ist, gleich

$$ \frac{D_{x+n}}{N_{x-1} - N_{x+t-1}} \qquad (83). $$

Gewöhnlich wählt man in der Praxis $t = n$, d. h. die Prämienzahlung findet bis 1 Jahr vor dem eventuellen Auszahlungstermin statt; doch darf auch $t < n$ ausbedungen werden. Verträge mit der Bedingung $t > n + 1$

wird eine Versicherungsanstalt nicht abschließen; denn bei derartigen Bedingungen wäre der Versicherte nach Empfang der versicherten Summe bei längerer Lebensdauer noch zu weiterer Prämienzahlung verpflichtet. Es fände hier eine nachträgliche Prämienzahlung für bereits dem Versicherten zu gut gekommene Vorteile statt.

Man kann auch auf folgende Weise eine Versicherung mit jährlicher Prämienzahlung eingehen: Die Versicherungssumme ist, unabhängig davon, ob der im Alter von x Jahren Versicherte seinen $x+n$ ten Geburtstag erlebt oder nicht erlebt, n Jahre nach Abschluß des Vertrages zahlbar; hingegen findet die jährlich gleichbleibende Prämienzahlung, mit Abschluß des Vertrages beginnend, t mal, bei früherem Ableben des Versicherten aufhörend, statt. Ist die vertragsmäßig zur Auszahlung gelangende versicherte Summe die Einheit, so hat dieselbe bei Abschluß des Vertrages, da sie von der Versicherungsanstalt an dem festen Auszahlungstermin, nämlich nach n Jahren, sicher zu zahlen ist, nach Formel (4) den Wert v^n. In Formel (73) sind $A = v^n$ und $a = {}_{|t}a_x$ zu setzen; daher wird die jährliche Prämie

$$\frac{v^n}{{}_{|t}a_x} \qquad (84)$$

oder unter Berücksichtigung von (77):

$$\frac{v^n D_x}{N_{x-1} - N_{x+t-1}} \qquad (85).$$

Gewöhnlich wird im Vertrage $t = n$ festgesetzt. Diese Versicherung mit festem Auszahlungstermin wird besonders zu Aussteuerzwecken abgeschlossen, da ja bei vorzeitigem Ableben des Versorgers keine Prämien zu entrichten sind.

§ 4. Versicherung auf den Todesfall mit lebenslänglicher und abgekürzter Prämienzahlung. Natürliche Prämienzahlung.

Geht eine x-jährige Person eine einfache Versicherung auf den Todesfall ein, daß ihre Erben bei ihrem Tode die Einheit des Kapitals erhalten sollen, und wird die Prämienzahlung alljährlich lebenslänglich in gleicher Höhe geleistet, so bezeichnet man die jähr-
(XXX) liche Nettoprämie mit P_x oder $P(A_x)$ (XXX). Nach Formel (73) wird

$$P_x = P(A_x) = \frac{A_x}{1 + a_x} \qquad (86),$$

wie sich aus (XX) und (74) ergibt.

Setzt man für A_x seinen Wert aus (42), so erhält man den für Berechnung des P_x besonders bequemen Ausdruck:

$$P_x = v - 1 + \frac{1}{a_x + 1} \qquad (87).$$

Mit Hülfe von (44) und (20) folgt aus (86), da $1 + a_x = \mathrm{a}_x$ ist:

$$P_x = \frac{M_x}{N_{x-1}} \qquad (88).$$

Nach der Sterblichkeitstafel 23 D. G. M u. W I wird bei $3^1/_2$ %: $P_{30} = 0{,}019287$, $P_{40} = 0{,}026959$, $P_{50} = 0{,}040157$, $P_{60} = 0{,}063788$. Ein 30jähriger zahlt also bei den angegebenen Grundlagen für eine Todesfallversicherung lebenslänglich eine jährliche Nettoprämie von 192,87 Mk., falls das versicherte Kapital 10000 Mk. beträgt. Da nach 23 D. G. M u. W I alle Personen im Alter von 89 — 90 Jahren sterben, so zahlt die Versicherungsanstalt, falls der Versicherte nicht früher stirbt, bei Vollendung des 90ten Lebensjahres die versicherte Summe und empfängt die letzte Prämienzahlung bei Vollendung des 89ten Lebensjahres.

Wir berechnen auch die jährlich gleichbleibende Nettoprämie einer x-jährigen Person für das beim Tode zahlbare Kapital 1, wenn die Prämien, falls der Tod nicht früher eintritt, t Jahre, also bis zur Vollendung des $x + t - 1$ten Lebensjahres, gezahlt werden sollen. Aus Formel (73) ergibt sich die jährliche Nettoprämie gleich

$$\frac{A_x}{1 + |_{t-1} a_x} \tag{89}$$

oder unter Berücksichtigung von (44) und (77) gleich

$$\frac{M_x}{N_{x-1} - N_{x+t-1}} \tag{90}.$$

Um seinen Erben bei seinem Tode eine bestimmte Summe zu hinterlassen, könnte man auch, anstatt eine einfache Versicherung auf den Todesfall mit einmaliger oder jährlicher, gleichbleibender, lebenslänglicher oder abgekürzter Prämienzahlung einzugehen, auf folgende Art verfahren: Man versichert sein Leben nur auf die fragliche Summe für den Fall, daß der Tod im nächsten Lebensjahre eintritt, man geht also eine einjährige temporäre Versicherung auf den Todesfall mit einmaliger Prämienzahlung ein; erlebt man das Ende dieser einjährigen Versicherung, so schließt man die nämliche Versicherung wieder auf ein Jahr ab und wiederholt dieses Verfahren von Jahr zu Jahr. Anstatt jedes Jahr einen neuen Vertrag abzuschließen, kann man bald bei Eingehen des ersten Vertrages den Fortbestand der Versicherung unter den obigen Bedingungen ausbedingen. Wie sich aus der Formel (49) ergibt, hat der Versicherte, wenn er bei Abschluß des Vertrages x-jährig ist und die versicherte Sterbesumme 1 beträgt, für das erste Versicherungsjahr $|_1A_x = \frac{d_x}{l_x} v = q_x v$, für das zweite Versicherungsjahr, in das er $x + 1$-jährig tritt, $|_1A_{x+1} = \frac{d_{x+1}}{l_{x+1}} v = q_{x+1} v$, u. s. w. als Nettoprämie zu zahlen. Die geschilderte veränderliche Prämienzahlung wird als **natürliche Prämienzahlung** bezeichnet. Allgemein versteht man unter der natürlichen Prämie diejenige Prämie, durch die man sich die Vorteile der Versicherung nur für die Dauer des dem Abschluß des Vertrages unmittelbar folgenden Jahres verschafft. Die Versicherung gegen natürliche Prämienzahlung ist wohl nur in Amerika üblich (Asseßmentsystem[1]). Für die Todesfallversicherung ist die natürliche Prämienzahlung die unnatürlichste; denn die von dem Versicherten alljährlich aufzubringenden Nettoprämien $|_1A_x, |_1A_{x+1}, |_1A_{x+2}, \ldots$ sind proportional den Sterbenswahrscheinlichkeiten $q_x, q_{x+1}, q_{x+2}, \ldots$, wachsen also, abgesehen vom jugendlichen Alter, ebenso wie diese von Jahr zu Jahr und nehmen für höhere Lebensalter sehr beträchtliche Werte an, so daß der Versicherte, welcher, durch die niedrige Prämie der jugendlichen Alter verlockt, diese Versicherung abschließt, in höherem Lebensalter, wo auch die Erwerbstätigkeit schwerer ist, sich zumeist außer stande sieht, die hohen Prämien aufzubringen, und trotzdem die Sterbensgefahr für ihn größer geworden ist, die Versicherung stornieren (aufgeben) muß, ohne daß die bereits bezahlten Prämien den beabsichtigten Zweck der

[1] Vgl. den Artikel „Asseßment" von Dornis im Handwörterbuch des gesamten Versicherungswesens (1897), von dem nur der erste Band erschienen ist. Siehe auch H. v. Knebel-Doeberitz, Streifzüge durch das amerikanische Versich.-Wesen, Zeitschr. f. d. ges. Versicherungswissensch., Bd. 1, S. 332.

Versorgung der Hinterbliebenen erfüllten. Versichert sich z. B. ein Dreißigjähriger gegen natürliche Prämienzahlung auf die Sterbesumme von 10,000 Mk., so hätte er bei Zugrundelegung von 23 D. G. M u. W I und $3^1/_2$ % Zinsfuß für das erste Versicherungsjahr Mk.: 85,31, für das elfte Versicherungsjahr, in das er 40jährig tritt, Mk.: 113,71 und für das 41te Versicherungsjahr Mk.: 703,00 als Nettoprämie zu zahlen. Ganz konsequent durchgeführt wird dieses System auch nicht in Amerika.

§ 5. Temporäre und gemischte Todesfallversicherung.

Eine x-jährige Person versichere sich auf die Summe 1, die nur dann zur Auszahlung gelangt, wenn der Tod der versicherten Person bis zur Vollendung ihres $x+n$ ten Lebensjahres eintritt. Die Prämienzahlung finde alljährlich gleichbleibend bis zur Vollendung des $x+t-1$ ten Lebensjahres, natürlich mit früherem Tode aufhörend, statt. Die jährliche, gleichbleibende Prämie beträgt nach (73):

$$\frac{|_nA_x}{1+|_{t-1}a_x} \qquad (91),$$

denn A ist für den jetzigen Fall nach (XXIII) gleich $|_nA_x$. Verwendet man (51) und (77), so findet man die jährliche Prämie:

$$_tP(|_nA_x) = \frac{M_x - M_{x+n}}{N_{x-1} - N_{x+t-1}} \qquad (92).$$

Die Formel (92) kommt z. B. bei der sogenannten Risiko- oder Umtauschversicherung der Aktiengesellschaft Atlas in Ludwigshafen zur Anwendung. Dieser Versicherungsmodus gestattet Personen, die zur Zeit noch über die Versicherungsform unschlüssig sind, zunächst eine fünfjährige temporäre Versicherung auf den Todesfall mit 5 Prämienzahlungen in gleicher Höhe einzugehen. Diese Versicherung kann dann in eine neue umgetauscht werden, die auf den Anfang der Risikoversicherung zurückdatiert wird; der Prämienberechnung der neuen Versicherung wird das ursprüngliche Beitrittsalter zu Grunde gelegt, und die schon gezahlten Prämien sind durch Nachzahlungen zu ergänzen. Die Risikoversicherung ist also als Einleitung für eine einfache oder gemischte Todesfallversicherung mit jährlicher, gleichbleibender Prämienzahlung gedacht.

Betrachten wir die jährlich gleichbleibende Prämienzahlung bei der gemischten Todesfallversicherung! Die jährlich gleichbleibende Nettoprämie für die Einheit des versicherten Kapitals, das entweder bei dem Tode oder spätestens bei Vollendung des $x+n$ten Lebensjahres des Versicherten zur Auszahlung gelangt, beträgt, wenn die Prämienzahlung bei Abschluß des Vertrages, zu welcher Zeit der Versicherte x Jahre alt ist, beginnt und, falls nicht früherer Tod eintritt, bis zur Vollendung des $x+t-1$ten Lebensjahres währt, nach Formel (73):

$$\frac{A_{x\overline{n}|}}{1+{}_{|t-1}a_x} \qquad (93);$$

denn für den betrachteten Fall ist nach (XXIV) $A = A_{x\overline{n}|}$. Vermöge (55) und (77) geht (93) über in

$$\frac{M_x - M_{x+n} + D_{x+n}}{N_{x-1} - N_{x+t-1}} \qquad (94).$$

Die angegebene Prämie ist nach der S. 80 gemachten allgemeinen Bemerkung durch ${}_tP\,(A_{x\overline{n}|})$ zu bezeichnen.

Für die Praxis ist besonders der Fall $t = n$, also Prämienzahlung bis zur Vollendung des $x+n-1$ten Lebensjahres, von Bedeutung. Für $t = n$ wird (93) übergehen in

$$\frac{A_{x\overline{n}|}}{1 + |_{n-1}\, a_x} \quad (95);$$

setzt man in (95) für $A_{x\overline{n}|}$ seinen Wert aus (58), so erhält man

$$\frac{A_{x\overline{n}|}}{1 + |_{n-1}\, a_x} = v - 1 + \frac{1}{1 + |_{n-1}\, a_x} \quad (96).$$

Formel (96) ist analog wie (87) gebaut.

Man bezeichnet die jährliche Prämie

$$\frac{A_{x\overline{n}|}}{1 + |_{n-1}\, a_x}$$ auch kurz mit $P_{x\overline{n}|}$ (XXXI). (XXXI)

Die Formeln der gemischten Todesfallversicherung kommen bei den Lebensversicherungsanstalten am häufigsten zur Anwendung; denn die gemischte Versicherung mit jährlicher Prämienzahlung hat heute unter den verschiedenen Versicherungsformen des Lebensversicherungsgeschäftes den stärksten Umfang.[1]

Die Herleitung der Formeln für die jährliche, gleichbleibende Nettoprämie einer Todesfallversicherung mit Karenzzeit kann dem Leser überlassen bleiben.

Kapitel V.

Die Praxis.

§ 1. Bruttoprämien.

Wir haben bisher nur die sogenannten Netto-, rein mathematischen oder rechnungsmäßigen Prämien behandelt. Macht man wie im voraufgehenden die in der Praxis allerdings nie erfüllte Annahme, daß

[1] Vgl. Zustand und Fortschritte der deutschen Lebensversicherungsanstalten im Jahre 1901, S. 37 sowie Ber. d. eidgenöss. Versicherungsamtes über das Jahr 1900, S. 4.

alle Versicherten gleichen Lebensalters, die gleichzeitig in das Versicherungsverhältnis eintreten, immer auf die gleiche Summe 1 oder S die Versicherung abschließen, so kann man den Satz aussprechen: Würde das Sterben unter den Versicherten genau nach der gewählten Sterblichkeitstafel erfolgen und würden die von der Versicherungsgesellschaft empfangenen Nettoprämien der Versicherten stets zu dem der Rechnung zu Grunde gelegten Zinsfuß angelegt werden, so sind die von den Versicherten gezahlten Nettoprämien ausreichend, um alle Auszahlungen der Versicherungsanstalt vollständig zu decken. Ein Versicherungsinstitut arbeitet auch mit Unkosten; diese lassen sich einteilen in: erstens, einmalige oder erste Unkosten bei Abschluß des Vertrages, wie die dem Agenten von der Versicherungsanstalt für die Zuführung des Versicherten gezahlte Abschlußprovision, Honorar für die ärztliche Untersuchung, in einzelnen Staaten Stempelausgaben u. dgl., und zweitens, dauernde Unkosten, wie die jährlichen Verwaltungs- und Organisationskosten (Gehälter für die Beamten, Miete für das Lokal, Annoncen u. s. w.), Abschreibungen, welche die Versicherungsanstalt alljährlich auf ihr Inventar zu machen hat, die Inkassoprovisionen, welche die Agenten alljährlich für das Einkassieren der Prämien erhalten, u. dgl. mehr. Zur Bestreitung dieser Ausgaben wird die Nettoprämie durch einen Zuschlag erhöht. Die so erhöhte Prämie, welche allein in den von den Versicherungsgesellschaften veröffentlichten Prospekten und Tarifen aufgeführt wird, heißt die B r u t t o -, T a r i f- oder o f f i z i e l l e P r ä m i e. Der Zuschlag zur Nettoprämie ist auch geeignet, eine Gewinnbildung zu stande zu bringen, die schädlichen Folgen ungenauer Rechnungsgrundlagen abzuschwächen, sowie die Anlegung von Sicherheitsfonds der Versicherungsanstalt für etwaige durch Mißjahre entstehende Extraausgaben zu bewerkstelligen.

Um aus der einmaligen Nettoprämie A_x des x-jährigen für eine Versicherung auf die Summe 1 die einmalige Bruttoprämie, die wir mit A'_x (XXXII) bezeichnen, (XXXII) herzuleiten, nehmen wir an, die dauernden Unkosten der Versicherungsanstalt seien proportional der Nettoprämie A_x und betragen $k A_x$, wobei k eine durch Schätzung zu findende Zahl ist; die einmaligen Unkosten für die Einheit der versicherten Summe seien λ. Die Bruttoprämie A'_x ist die Summe aus Nettoprämie, einmaligen und dauernden Unkosten; hieraus folgt:

$$A'_x = A_x + k\, A_x + \lambda = A_x (1 + k) + \lambda. \quad (97).$$

Eine Abschätzung von k und λ nach dem Risiko der Versicherung, wie es Theoretiker[1] vorschlugen, ist in der Praxis nicht üblich, sondern die Wahl des k und λ wird bei den verschiedenen Anstalten verschiedenartig durch Schätzung festgelegt. Die Zahl k wird dabei so gewählt, daß womöglich noch ein möglichst großer Gewinn für die Versicherungsanstalt herausschaut und sie hohe Dividenden geben kann.

Da die ersten Unkosten hauptsächlich Agentenprovision sind und der Agent bei einer Reihe von Versicherungen mit 2 bis 3 % der einmaligen Tarifprämie entlohnt wird, so setzen diese Versicherungsinstitute $\lambda = k_1 A'_x$; dabei ist k_1 eine Zahl, die dann zwischen 0,02 und 0,03 gewählt wird. Setzt man in (97): $\lambda = k_1 A'_x$, so wird: $A'_x = A_x (1 + k) + k_1 A'_x$ oder $A'_x (1 - k_1) = A_x (1 + k)$, d. h.

$$A'_x = A_x \left(\frac{1 + k}{1 - k_1}\right). \quad (98).$$

[1] Vgl. J. H. Peek, Zeitschr. f. d. ges. Versicherungswiss. Bd. 2, S. 8.

Bei einer bekannten Versicherungsanstalt wird in Formel (98) $k_1 = 0{,}025$, $k = \frac{19}{800}$ gesetzt, also $A'_x = \frac{21}{20} A_x$ zur Berechnung der einmaligen Tarifprämie für Leibrenten verwandt; die preußische Rentenversicherungsanstalt wählt

$$A'_x = \frac{100}{95} A_x.$$

(XXXIII) Um die jährliche Bruttoprämie P'_x (XXXIII) für die Versicherungssumme 1 aus der jährlichen Nettoprämie P_x herzuleiten, nimmt man an, daß die jährlichen Unkosten proportional der jährlichen Nettoprämie, also $k P_x$, sein, wobei k eine positive Zahl ist; die einmaligen Unkosten mögen für die Einheit der versicherten Summe immer δ_x ausmachen, wobei δ_x auch vom Alter des Versicherten abhängig sein kann. Versteht man unter a den Barwert oder die einmalige Prämie für eine Leibrente, welche an eine x-jährige Person, mit Abschluß der Versicherung beginnend, alljährlich in der gleichen Höhe 1 ebenso zur Auszahlung gelangen soll, wie die jährliche Prämienzahlung bei der abgeschlossenen Versicherungsart stattfindet, (die Bezeichnung a ist wie S. 78), so ist der Barwert aller Bruttoprämien P'_x, welche die Versicherungsanstalt empfängt, bei Abschluß des Vertrages $a P'_x$; diese Summe muß aber decken: den Barwert aller Nettoprämien P_x bei Abschluß des Vertrages, der $a P_x$ beträgt, ferner den Barwert aller dauernden Unkosten, die alljährlich $k P_x$ betragen und daher, für den Zeitpunkt des Abschlusses des Vertrages gerechnet, den Barwert $a k P_x$ haben, sowie die einmaligen Unkosten in Höhe von δ_x. Hieraus ergibt sich die Gleichung:

$$a P'_x = a P_x + a k P_x + \delta_x \qquad (99).$$

Aus dieser Gleichung folgt:

$$P'_x = P_x + k\,P_x + \frac{\delta_x}{a} \qquad (100)$$

$$\text{oder } P'_x = P_x(1 + k) + \lambda \qquad (101),$$

wenn $\lambda = \frac{\delta_x}{a}$ gesetzt wird.

Die Größen k und λ in Formel (101) sind größer zu wählen als in der Formel (97) für einmalige Prämienzahlung; bei jährlicher Prämienzahlung sind nämlich von der Versicherungsanstalt alljährlich Inkassoprovisionen (etwa 2 % bis 3 % der jährlichen Prämie) an den Agenten zu zahlen, ferner erhöhen sich auch durch die jährliche Einziehung der Prämien die Verwaltungskosten.

Einer Versicherungsanstalt verdanke ich die freundliche Mitteilung, daß sie für ihre Todesfallversicherung mit lebenslänglicher Prämienzahlung die Bruttoprämie aus der Nettoprämie nach der Formel:

$$P'_x = P_x\left(1 + \frac{1}{20}\right) + \frac{1}{500} \qquad (102)$$

berechnet; für die gemischte Todesfallversicherung bestimmt sie die jährliche Bruttoprämie $P'_{x\overline{n}|}$ durch

$$P'_{x\overline{n}|} = P_{x\overline{n}|}\left(1 + \frac{1}{20}\right) + \frac{1}{500} + \frac{1}{10}P_x. \quad (103).$$

$P_{x\overline{n}|}$ ist durch (XXXI) definiert, P_x bedeutet die jährliche Nettoprämie für die Todesfallversicherung und ist durch (XXX) definiert. Formel (103) geht aus (101) hervor, wenn man $k = \frac{1}{20}$, $\lambda = \frac{1}{500} + \frac{1}{10}P_x$ setzt.

Bisweilen setzt man in (99): $\delta_x = \delta\,P'_x$, wobei δ eine konstante Größe ist. Da δ_x die ersten Unkosten bedeutet, so heißt $\delta_x = \delta\,P'_x$, die ersten Unkosten werden proportional der Jahresprämie angenommen. Die ersten Unkosten der Versicherung werden im wesentlichen durch die Agentenprovision verschlungen; bei einer Reihe von Versicherungen wird entsprechend dem Ansatz $\delta_x = \delta P'_x$ der Agent mit einem Prozentsatz (10 % bis 40 %) der tarifmäßigen Jahresprämie entlohnt. Man wählt δ von 0,10 bis 0,40.

Die einfachsten Formeln findet man, wenn man

$$\delta_x = a\, k_1\, P'_x \qquad (104),$$

wobei k_1 eine Konstante ist, in (99) setzt. Durch (104) geht (99) über in:

$$a\, P'_x = a\, P_x + a\, k\, P_x + a\, k_1\, P'_x \qquad (105)$$

$$\text{oder: } P'_x = P_x \left(\frac{1+k}{1-k_1}\right). \qquad (106).$$

Formel (106) wird besonders häufig in der Praxis benützt. Eine große deutsche nach 23 D. G. M u. W I mit $3^1/_2$ % rechnende Versicherungsgesellschaft nimmt beim Eintrittsalter 30 für die Todesfallversicherung auf 1000 Mk. Versicherungssumme mit lebenslänglicher Prämienzahlung, wofür die jährliche Nettoprämie 19,287 Mk. beträgt, 27,3 % der Nettoprämie als Aufschlag d. h. $\frac{1+k}{1-k_1} = 1{,}273$; die jährliche Bruttoprämie beträgt unter Abrundung der Pfennige 24,60 Mk. Vom 34ten Lebensjahre an nimmt dieselbe Anstalt für die gleiche Versicherungsart, unabhängig vom Alter des Versicherten, den Zuschlag von 24 % der Nettoprämie, also $P'_x = 1{,}24\, P_x$.

Für besondere Risiken, Personen in gefahrvollen Berufen, auch für Frauen bis zum Alter von 50 Jahren, ferner bei Aktiengesellschaften für Versicherungen mit Gewinnbeteiligung der Versicherten werden oft noch besondere Zuschläge zur Prämie erhoben. Im allgemeinen kann gesagt werden, daß sowohl die einmalige Bruttoprämie A'_x wie die jährliche Bruttoprämie P'_x in der Form:

$$A'_x = A_x(1 + k) + \lambda \qquad (97)$$

$$\text{und } P'_x = P_x(1 + k) + \lambda \qquad (101)$$

angenommen werden; dabei sind k und λ bei verschiedenen Anstalten, bei verschiedenen Versicherungsarten und auch für verschiedenes Lebensalter, in dem die Versicherten bei Abschluß des Vertrages stehen, verschieden. Das deutsche Reichsgesetz (vgl. S. 15) verlangt, daß der die Aufsicht führenden Behörde mitgeteilt wird, in welcher Art die Bruttoprämien aus den Nettoprämien hergeleitet werden.

Spezialfälle von (97) und (101) sind $k = 0$ oder $\lambda = 0$; $k = 0$ und gleichzeitig $\lambda = 0$ ergibt die Nettoprämien.

Um dem Leser einen noch besseren Blick in die Unkosten, mit denen die Versicherungsanstalten arbeiten, zu gewähren, mögen dem Berichte des eidgenössischen Versicherungsamtes über die 33 im Jahre 1900 in der Schweiz wirkenden Lebensversicherungsanstalten folgende Angaben entnommen werden: Im Jahre 1900 betrugen bei ihnen die Agenturprovisionen und Agenturkosten im Durchschnitt 11,3 %, die Verwaltungskosten und Steuern 5,7 % der gesamten Prämieneinnahmen. Bei den 8 deutschen in der Schweiz arbeitenden Anstalten war die erste Zahl nur gleich 4,1, die zweite nur 4,5, während bei den drei amerikanischen, in der Schweiz tätigen Anstalten die erste Zahl den Wert 16,3, die zweite Zahl den Wert 6,5 hatte. Aus der Höhe dieser Angaben allein kann jedoch durchaus nicht auf die Geschäftspraxis einer Anstalt geschlossen werden; denn das Abschließen einer großen Zahl neuer Verträge, also ein gutes Geschäft, verursacht wegen der hohen ersten mit der Anwerbung verknüpften Unkosten große Ausgaben an Agenturprovisionen. Auch die Länge des Bestehens der Anstalt, die Höhe der versicherten Summen und die Art der Versicherungen wirken auf die Höhe der Ausgaben ein. Einen Zuschlag zur Nettoprämie von $\frac{1}{7}$ derselben, also $P'_x = \frac{8}{7} P_x$, bezeichnet der eidgenössische Bericht vom Jahre 1894 (S. 12) bei jährlicher Prämienzahlung als Minimalforderung für den rationellen Betrieb der Lebensversicherung; nach den Untersuchungen des fraglichen Amtes ist bei diesem Zuschlage die Arbeit für kleine Versicherungen lange nicht vollständig bezahlt, während bei einem ansehnlichen Versicherungsbestande an größeren Versicherungen ein industrieller Gewinn in Form einer sehr kleinen Dividende möglich ist. Der angegebene Minimalzuschlag macht $^1/_8$ oder $12^1/_2\%$ der Bruttoprämie aus.

§ 2. **Prämienrückgewähr.**

Häufig schließt jemand eine derartige Versicherung ab, daß die Versicherungsanstalt sich verpflichtet, ihm oder seinen Erben unter gewissen vertragsmäßig festgesetzten Bedingungen die eingezahlten Prämien oder einen Teil derselben zurückzuzahlen; man spricht dann von einer Versicherung mit Prämienrückgewähr. Meistens werden die Bruttoprämien oder Teile derselben zurückgezahlt.

Wir behandeln folgendes der Praxis entlehntes Beispiel (Prospekt des Atlas in Ludwigshafen): Eine x-jährige Person versichert sich auf die Summe 1, welche bei ihrem Ableben zahlbar wird. Beim Erleben des Ablaufes der Prämienzahlungsperiode, die längstens n Jahre währt, oder beim früheren Ableben wird außerdem die Hälfte der gezahlten Prämien zurückgewährt.

Die jährliche Nettoprämie für diese Versicherung sei Π_x, die jährliche Bruttoprämie sei Π'_x. Es möge

$$\Pi'_x = \Pi_x (1 + k) + \lambda \tag{107}$$

sein, wobei k und λ bekannte Größen bedeuten. Der Barwert der Leistungen der Versicherungsanstalt zur Zeit des Abschlusses des Vertrages setzt sich aus zwei Summanden zusammen. Der eine Summand ist wegen der beim Tode fällig werdenden Summe 1 nach (44): $\frac{M_x}{D_x}$. Da an die Erben einer jeden im ersten Versicherungsjahre sterbenden Person außerdem noch die Summe $\frac{\Pi'_x}{2}$, an die Erben einer jeden im zweiten Versicherungsjahre sterbenden Person noch die Summe $2\,\frac{\Pi'_x}{2}$, u. s. w., an die Erben einer jeden im nten Versicherungsjahre sterbenden Person noch die Summe $n\,\frac{\Pi'_x}{2}$, schließlich an jede derartig versicherte Person, welche ihren $x + n$ten Geburtstag erlebt, außer der bei ihrem Tode fälligen Summe 1 noch bei Erleben des $x + n$ten Geburtstages die Summe $\frac{n\,\Pi'_x}{2}$ zur Auszahlung gelangt, so haben diese Leistungen nach (72) bei Abschluß des Vertrages den Barwert:

$$\frac{\Pi'_x}{2}\left(\frac{C_x + 2\,C_{x+1} + 3\,C_{x+2} + \ldots n\,C_{x+n-1} + n\,D_{x+n}}{D_x}\right).$$

Nach dem Prinzip der Gleichheit von Leistung und Gegenleistung beträgt mithin die einmalige Nettoprämie des Versicherten:

$$\frac{M_x}{D_x}+\frac{\Pi'_x}{2}\left(\frac{C_x+2C_{x+1}+3C_{x+2}+\ldots nC_{x+n-1}+nD_{x+n}}{D_x}\right). \quad (108)$$

Hierbei ist, wie auf S. 62, angenommen, daß die Auszahlungen immer am Schlusse des Versicherungsjahres stattfinden.

Die jährliche, gleichbleibende Nettoprämie findet man bei n maliger Prämienzahlung, die bei früherem Tode des Versicherten aufhört, nach (73), (108) und (77):

$$\left[\frac{M_x}{D_x}+\frac{\Pi'_x}{2}\left(\frac{C_x+2C_{x+1}+3C_{x+2}+\ldots+nC_{x+n-1}+nD_{x+n}}{D_x}\right)\right]:$$

$$:\left(\frac{N_{x-1}-N_{x+n-1}}{D_x}\right)$$

Es ist also

$$\Pi_x=\frac{M_x+\frac{\Pi'_x}{2}\left(C_x+2C_{x+1}+3C_{x+2}\ldots+nC_{x+n-1}+nD_{x+n}\right)}{N_{x-1}-N_{x+n-1}} \quad (109).$$

Setzt man in (109) für Π'_x seinen Wert aus (107), so hat man für Π_x eine Gleichung:

$$\Pi_x\left[N_{x-1}-N_{x+n-1}-\left(\frac{1+k}{2}\right)\left(C_x+2C_{x+1}+3C_{x+2}+\ldots\right.\right.$$

$$\left.\left.\ldots+nC_{x+n-1}+nD_{x+n}\right)\right]=$$

$$=M_x+\frac{\lambda}{2}(C_x+2C_{x+1}+3C_{x+2}+\ldots+nC_{x+n-1}+nD_{x+n}).$$

Daher ist:

$$\Pi_x=\frac{M_x+\frac{\lambda}{2}\left\{\quad\right\}}{N_{x-1}-N_{x+n-1}-\left(\frac{1+k}{2}\right)\left\{\quad\right\}} \quad (110).$$

Die geschweifte Klammer hat im Zähler wie im Nenner den gleichen Wert:

$$C_x+2C_{x+1}+3C_{x+2}+\ldots+nC_{x+n-1}+nD_{x+n}.$$

Π_x ist mithin gefunden, da auf der rechten Seite von (110) lauter bekannte Größen stehen.

Für Berechnungen von Versicherungen mit Prämienrückgewähr handelt es sich immer um Herstellung einer Gleichung zwischen Brutto- und Nettoprämie wie (109). Führt man in diese Gleichung die Relation, welche die Bruttoprämie aus der Nettoprämie ergibt, ein, so hat man eine Gleichung zur Bestimmung der Nettoprämie.

Versicherungen mit Prämienrückgewähr werden besonders in solchen Fällen abgeschlossen, in denen die Versicherungsanstalt eventuell für die Hauptversicherung nichts auszuzahlen in die Lage kommen kann. (Todesfallversicherung mit Karenzzeit, aufgeschobene Leibrentenversicherung, u. s. w.)

Wir behandeln hierfür noch ein Beispiel: Eine x-jährige Person geht eine Erlebensversicherung auf die Summe 1 ein, die bei Erleben des $x+n$ten Geburtstages zur Auszahlung gelangt. Die jährliche, gleichbleibende Prämienzahlung beginne bei Abschluß des Vertrages und dauere, vorausgesetzt, daß der Versicherte nicht früher stirbt, n Jahre. Stirbt die versicherte Person vor Erreichung des $x+n$ten Lebensjahres, so sollen an die Erben die bereits eingezahlten Bruttoprämien nebst Zinseszinsen, die laut Vertrag pro Jahr auf $100\,i'\,\%$ festgesetzt seien, zur Auszahlung gelangen.

Die jährliche, gleichbleibende Bruttoprämie der geschilderten Versicherung möge mit Π'_x, die jährliche, gleichbleibende Nettoprämie mit Π_x bezeichnet werden. Π'_x und Π_x mögen durch die Formel (107) $\Pi'_x = \Pi_x(1+k)+\lambda$ zusammenhängen, wobei k und λ bekannte Größen sind.

Wir denken uns eine fingierte Gesellschaft von l_x Personen eine Versicherung der geschilderten Art auf die Summe 1 abschließen. Infolge der Hauptversicherung hat die Versicherungsanstalt an jede der l_{x+n}

nach Verlauf von n Jahren noch lebenden Personen die Summe 1 zu zahlen; der Barwert dieser Leistung beträgt bei Abschluß des Vertrages $l_{x+n} \cdot v^n$. (Siehe S. 61.) Hierzu kommen noch die Leistungen der Versicherungsanstalt infolge der Prämienrückgewähr. Bedeutet $f \leqq n$ eine ganze positive Zahl, so sterben im Laufe des f ten Versicherungsjahres von der fingierten Gesellschaft von l_x Personen d_{x+f-1} Personen, die f Jahre hindurch die Bruttoprämie Π'_x bezahlt haben. An die Erben jeder dieser d_{x+f-1} Personen hat die Versicherungsanstalt die eingezahlten Bruttoprämien Π'_x mit Zinseszinsen bei 100 i' % zurückzuerstatten. Die erste Bruttoprämie Π'_x, welche die Versicherungsanstalt bei Abschluß des Vertrages erhalten hat, ist nach Formel (2) im Verlaufe der f Jahre[1] zu $\Pi'_x (1+i')^f$ angewachsen. Die zweite Bruttoprämie, die sich $f-1$ Jahre im Besitze der Versicherungsanstalt befindet, wächst zu $\Pi'_x (1+i')^{f-1}$ an. Auf diese Art geht es fort. Die letzte der f Prämienzahlungen ist von der Versicherungsanstalt nur ein Jahr zu verzinsen, sie beträgt daher am Schluß des f ten Versicherungsjahres $\Pi'_x (1+i')$. Am Schluß des f ten Versicherungsjahres muß die Versicherungsanstalt an die Erben jeder der d_{x+f-1} verstorbenen Personen die Summe:

$$\Pi'_x (1+i') + \Pi'_x (1+i')^2 + \ldots \Pi'_x (1+i')^{f-1} + \Pi'_x (1+i')^f,$$

an die Erben der d_{x+f-1} Personen zusammen das d_{x+f-1} fache dieses Betrages zahlen. Der Barwert dieser Summe ist bei Abschluß des Vertrages nach Formel (4):

$$v^f \cdot d_{x+f-1} \cdot \Pi'_x \left[(1+i') + (1+i')^2 + \ldots (1+i')^{f-1} + (1+i')^f\right].$$

[1] Wir machen wie auf S. 62 die allgemein übliche Annahme, daß die Auszahlungen immer erst am Ende des Versicherungsjahres, in dem der Tod eintritt, stattfinden.

Der zuletzt hingeschriebene Ausdruck geht durch Multiplikation mit $l_x \cdot \frac{v^x}{l_x \cdot v^x}$, das gleich 1 ist, wenn man (XI) und (XXI) beachtet, über in:

$$l_x \cdot \frac{C_{x+f-1}}{D_x} \cdot \Pi'_x \cdot \left[(1+i') + (1+i')^2 + \ldots (1+i')^f\right].$$

Setzt man $f = 1, 2, 3, \ldots n$, so findet man durch Addition den Barwert aller Leistungen, die das Versicherungsinstitut wegen der Prämienrückgewähr übernommen hat, zur Zeit des Abschlusses des Vertrages gleich

$$l_x \cdot \frac{C_x}{D_x} \Pi'_x (1+i') +$$

$$+ l_x \frac{C_{x+1}}{D_x} \Pi'_x \left[(1+i') + (1+i')^2\right] +$$

$$+ l_x \cdot \frac{C_{x+2}}{D_x} \Pi'_x \left[(1+i') + (1+i')^2 + (1+i')^3\right] +$$

$$\ldots\ldots\ldots\ldots\ldots\ldots\ldots\ldots\ldots\ldots$$

$$+ l_x \frac{C_{x+n-1}}{D_x} \Pi'_x \left[(1+i') + (1+i')^2 + (1+i')^3 + \ldots (1+i')^n\right] =$$

$$= l_x \Pi'_x (1+i') \left(\frac{C_x}{D_x} + \frac{C_{x+1}}{D_x} + \frac{C_{x+2}}{D_x} + \ldots \frac{C_{x+n-1}}{D_x}\right) +$$

$$+ l_x \Pi'_x (1+i')^2 \left(\frac{C_{x+1}}{D_x} + \frac{C_{x+2}}{D_x} + \ldots \frac{C_{x+n-1}}{D_x}\right) +$$

$$+ l_x \Pi'_x (1+i')^3 \left(\frac{C_{x+2}}{D_x} + \frac{C_{x+3}}{D_x} + \ldots \frac{C_{x+n-1}}{D_x}\right) +$$

$$\ldots\ldots\ldots\ldots\ldots\ldots\ldots\ldots\ldots\ldots$$

$$+ l_x \Pi'_x (1+i')^{n-1} \left(\frac{C_{x+n-2}}{D_x} + \frac{C_{x+n-1}}{D_x}\right) +$$

$$+ l_x \Pi'_x (1+i')^n \cdot \left(\frac{C_{x+n-1}}{D_x}\right).$$

Unter Benützung von (XXII) wird dieser Ausdruck gleich:

$$l_x \Pi'_x (1+i') \frac{M_x - M_{x+n}}{D_x} + l_x \Pi'_x (1+i')^2 . \frac{M_{x+1} - M_{x+n}}{D_x} +$$

$$+ l_x \Pi'_x (1+i')^3 \frac{M_{x+2} - M_{x+n}}{D_x} + \ldots .$$

$$\ldots . + l_x \Pi'_x (1+i')^n . \frac{M_{x+n-1} - M_{x+n}}{D_x}.$$

Der Barwert der gesamten Leistungen des Versicherungsinstituts an die l_x Personen beträgt mithin:

$$l_{x+n} . v^n + l_x \Pi'_x \left[(1+i') \frac{M_x - M_{x+n}}{D_x} + (1+i')^2 \frac{M_{x+1} - M_{x+n}}{D_x} + \right.$$

$$\left. + (1+i')^3 \frac{M_{x+2} - M_{x+n}}{D_x} + \ldots . (1+i')^n \frac{M_{x+n-1} - M_{x+n}}{D_x} \right].$$

Demgegenüber zahlen die l_x Versicherten n Jahre, jedoch nur solange sie leben, die jährliche Nettoprämie Π_x. Diese Leistung hat bei Abschluß des Vertrages für den einzelnen Versicherten den Barwert $\Pi_x . {}_{|n}a_x$ (vgl. S. 79), für die l_x Personen $l_x . \Pi_x . {}_{|n}a_x$. Die eben gefundene Summe wird nach Formel (77) gleich

$$l_x . \Pi_x . \frac{N_{x-1} - N_{x+n-1}}{D_x}.$$

Nach dem Prinzip der Gleichheit von Leistung und Gegenleistung ergibt sich die Gleichung:

$$l_{x+n} . v^n + l_x . \Pi'_x \left[(1+i') \frac{M_x - M_{x+n}}{D_x} + (1+i')^2 \frac{M_{x+1} - M_{x+n}}{D_x} + \right.$$

$$\left. + (1+i')^3 \frac{M_{x+2} - M_{x+n}}{D_x} + \ldots (1+i')^n \frac{M_{x+n-1} - M_{x+n}}{D_x} \right] =$$

$$= l_x \Pi_x \frac{N_{x-1} - N_{x+n-1}}{D_x}.$$

Dividiert man durch l_x rechts und links und beachtet (XI), so folgt:

$$\frac{D_{x+n}}{D_x} + \Pi'_x \left[(1+i')\frac{M_x - M_{x+n}}{D_x} + (1+i')^2 \frac{M_{x+1} - M_{x+n}}{D_x} + \right.$$
$$\left. .. + (1+i')^n . \frac{M_{x+n-1} - M_{x+n}}{D_x}\right] = \Pi_x \frac{N_{x-1} - N_{x+n-1}}{D^x}.$$

Setzt man für Π'_x den Wert nach (107) ein, so findet man:

$$\Pi_x = \frac{D_{x+n} + \lambda [\quad]}{N_{x-1} - N_{x+n-1} - (1+k) [\quad]}.$$

Die eckige Klammer hat im Zähler wie im Nenner den gleichen Wert:

$$(1 + i')(M_x - M_{x+n}) + (1 + i')^2 (M_{x+1} - M_{x+n}) +$$
$$+ (1+i')^3 (M_{x+2} - M_{x+n}) + ..(1 + i')^n (M_{x+n-1} - M_{+n}).$$

Die von der Versicherungsanstalt vergütigten Zinsen sind kleiner als die für die Prämienanlage angesetzten rechnungsmäßigen Zinsen anzunehmen, also $i' < i$. Meistens wird eine derartige Versicherung, wie wir sie schilderten, so abgeschlossen, daß nur Rückgewähr der Bruttoprämien ohne Verzinsung stattfindet; dann ist $i' = 0$ zu setzen. Die fragliche eckige Klammer wird für $i' = 0$:

$$M_x - M_{x+n} + M_{x+1} - M_{x+n} + M_{x+2} - M_{x+n}$$
$$... + M_{x+n-1} - M_{x+n} =$$
$$= M_x + M_{x+1} + .. M_{x+n-1} - n M_{x+n}.$$

§ 3. Schätzung des Lebensalters und Art der Prämienzahlung.

Wir haben bisher angenommen, daß eine x-jährige Person sich an ihrem xten Geburtstage versichere. Natürlich werden Versicherungen nicht nur am Geburtstage abgeschlossen. Ist die sich versichernde Person bei Abschluß des Vertrages $x+\frac{m'}{m}$ Jahre alt, wobei $\frac{m'}{m}$ ein positiver echter Bruch ist, so ist es am einfachsten, die Prämie aus der des x-jährigen und des $x+1$-jährigen für dieselbe Versicherung durch Interpolation zu bestimmen, also die Prämie des $x+\frac{m'}{m}$-jährigen gleich der Summe der Prämie des x-jährigen vermehrt um den $\frac{m'}{m}$ten Teil der Differenz der Prämien des $x+1$-jährigen und des x-jährigen zu setzen.

Zahlreiche Lebensversicherungsanstalten machen es, besonders bei der Todesfallversicherung, auch so, daß sie alle Personen des Lebensalters $x-\frac{1}{2}$ bis $x+\frac{1}{2}$ wie x-jährige versichern, also das Eintrittsalter in die Versicherung immer nach dem zunächst liegenden Geburtstage berechnen. Manche Anstalten betrachten auch den nächst höheren Geburtstag als Eintrittsalter in die Versicherung, sehen also die sich im Alter von x bis $x+1$ Jahren versichernden Personen als $x+1$-jährig an.

Was die Prämienzahlung betrifft, so ist dieselbe bei einmaliger Prämienzahlung bei Abschluß des Vertrages zu entrichten, bei jährlicher Prämienzahlung ist sie bei Wiederkehr des Termins, an dem die Versicherung eingegangen wurde, fällig; doch gewähren die meisten Anstalten für die Zahlung der Prämien eine Frist von 30 Tagen.

Die Prämienzahlung geschieht auch bisweilen in kleineren Abständen als einem Jahre. Die Höhe der terminlichen Nettoprämie findet man aus (73), indem man unter a die einmalige Nettoprämie für eine terminliche Pränumerando-Leibrente auf die Summe 1 versteht. Geht z. B. eine x-jährige Person eine Todesfallversicherung auf die Summe 1 mit lebenslänglicher, jedes $\frac{1}{m}$tel Jahr stattfindender, gleichbleibender, bei Abschluß des Vertrages beginnender Prämienzahlung ein, so ist $a = m \,.\, a_x^{(m)}$ zu setzen; denn $a_x^{(m)}$ (vgl. XXVII) ist die einmalige Nettoprämie einer Leibrente, welche eine x-jährige Person alle $\frac{1}{m}$tel Jahre, bei Abschluß des Vertrages beginnend, bis zu ihrem Tode in der gleichen Höhe $\frac{1}{m}$ ausgezahlt erhält, $m \,.\, a_x^{(m)}$ ist daher die Nettoprämie für diese terminliche Leibrente in der Höhe 1.

In der Praxis verfahren die Versicherungsgesellschaften bei Todesfallversicherungen gewöhnlich so, daß sie bei ratenweiser Prämienzahlung die Jahresprämie immer nur als gestundet (einen Teil derselben dem Versicherten geliehen) ansehen und bei der zur Auszahlung gelangenden Sterbesumme die für das Versicherungsjahr, in dem der Tod eintritt, noch nicht gezahlten Prämienraten in Abzug bringen. Bei diesem Modus erleidet die Versicherungsanstalt gegenüber der jährlichen Prämienzahlung dadurch keinen Verlust, daß einer der Versicherten stirbt, ohne für sein Sterbejahr die volle Jahresprämie bezahlt zu haben; für den erlittenen Zinsverlust muß der Versicherte einen Prämienzuschlag bezahlen. Bei halbjährlicher Prämienzahlung erhebt die Versicherungsanstalt gewöhnlich die Hälfte der um 1 % und bei vierteljährlicher Prämienzahlung den vierten Teil der um 2 % erhöhten Jahresprämie.

Kapitel VI.

Prämienreserve.

§ 1. Prämienreserve nach der Nettomethode.

Selbst wenn eine Versicherungsanstalt ohne Spesen arbeiten und ihr Versicherungsgeschäft sich genau nach dem angenommenen Schema der Grundrechnung abwickeln würde, findet doch im Laufe eines einzigen Jahres bei Lebens- und Leibrentenversicherungsanstalten kein Gleichgewicht zwischen den Einnahmen an Nettoprämien und den Auszahlungen versicherter Summen statt. Versichert sich z. B. jemand durch Zahlung einer einmaligen Prämie auf eine lebenslänglich zahlbare Leibrente, so hat die Versicherungsanstalt dem Versicherten gegenüber eine Schuld, die nicht ein Jahr währt, vielmehr erst mit dem Tode des Versicherten ihr Ende nimmt. Läßt man bei einer Todesfallversicherung den Versicherten eine gleichbleibende Jahresprämie zahlen, so zahlt derselbe in den ersten Versicherungsjahren zu viel für die Deckung des jährlichen Risikos der Versicherung, in den späteren Jahren zu wenig; denn je älter das versicherte Leben, desto größer ist, wenn man von den ersten Kinderjahren absieht, die Todesgefahr. Von dem Versicherten wird nur alljährlich eine solche Durchschnittssumme als Prämie erhoben, daß, wenn man ihn als Mitglied einer großen Anzahl gleichaltriger, mit ihm gleichzeitig auf dieselbe Weise versicherter Personen betrachtet, die Gesamtsumme der von ihm und seinen Genossen zu erzielenden Einnahmen und deren Zinsen für den ganzen Zeitraum der Versicherung, nicht aber immer während eines Jahres die Ausgaben der Versicherungsanstalt an ihn und seine Genossen deckt. Nur wenn die Versicherungsanstalten ausschließlich Versicherungen gegen natürliche Prämienzahlung (vgl. S. 86) abschließen würden, könnten die jährlich eingenommenen Prämien und deren Zinsen gleich den Ausgaben der Versicherungsanstalt für das betreffende Jahr erwartet werden dürfen.

Aus den geschilderten Erwägungen ergibt sich die Notwendigkeit des **Deckungsfonds** oder der **Prämienreserve**; dieselbe ist eine Rücklage der Versicherungsanstalt, die aus dem Plus der ersten oder bei einmaliger Prämienzahlung des ersten Versicherungsjahres und den Zinsen dieser Summen gesammelt wird, und die es der Versicherungsanstalt ermöglicht, ohne auf die Abschließung neuer Verträge angewiesen zu sein, trotz Mindereinnahmen der folgenden Jahre ihren Verpflichtungen nachzukommen.

Zur Entwicklung des Begriffes der Prämienreserve nach der **Nettomethode** denken wir, eine fingierte Gesellschaft von so vielen x-jährigen Personen, wie sie die Sterblichkeitstafel angibt, nämlich l_x, möge sich auf dieselbe Summe 1 in gleicher Weise versichern. Findet in der fingierten Gesellschaft die Sterblichkeit nach der Sterblichkeitstafel statt, so leben nach Verlauf von m Jahren[1] noch l_{x+m} Personen der fingierten Gesellschaft. **Als Prämienreserve für den am Schluß des mten Versicherungsjahres noch vorhandenen Bestand von l_{x+m} Personen bezeichnen wir den Überschuß des für jenen Zeitpunkt berechneten Barwertes der an die noch lebenden l_{x+m} Personen bez. deren Erben von der Versicherungsanstalt künftig auszuzahlenden Summen über den Barwert der von den l_{x+m} Personen noch zu erwartenden Nettoprämien.**

[1] m bedeutet in diesem § eine ganze positive Zahl.

Die Prämienreserve ist hier, da sie auf der Betrachtung zukünftiger Verhältnisse basiert, prospektiv bestimmt. Aus der angegebenen Definition der Prämienreserve für den Bestand der l_{x+m} Personen folgt, daß ihr Vorhandensein am Schlusse des mten Versicherungsjahres sowie die künftigen Nettoprämien der l_{x+m} Personen, die nach Annahme nach der Sterblichkeitstafel absterben, gerade die künftigen Kapitalauszahlungen der Versicherungsanstalt an die l_{x+m} Personen bez. deren Erben decken, wenn die Prämienreserve und die einzukassierenden Nettoprämien zu dem rechnungsmäßigen Zinsfuß angelegt werden. Damit die Versicherungsanstalt also ihren künftigen Zahlungsverpflichtungen gegenüber der fingierten Gesellschaft von l_{x+m} Personen nachkommen kann, ist notwendig, daß sie am Ende des mten Versicherungsjahres die Prämienreserve für die l_{x+m} Personen hat. Nun sind aber die Nettoprämien gerade so berechnet worden, daß bei gleichzeitiger Versicherung von l_x Personen unter völlig übereinstimmenden Bedingungen, wenn das Sterben nach der Sterblichkeitstafel stattfindet und alle Gelder zu dem für die Prämienberechnung gewählten Zinsfuße angelegt werden, die Leistungen der Versicherungsanstalt genau gleich den Leistungen der Versicherten sind. Mithin muß die bis zum mten Versicherungsjahre, dieses eingeschlossen, verflossene Zeit, wenn alles rechnungsmäßig verläuft, der Versicherungsanstalt die Ansammlung der Prämienreserve für die zu jenem Zeitpunkte noch lebenden l_{x+m} Personen gestattet haben. Hieraus folgt folgende Definition der Prämienreserve: *Die Prämienreserve für den nach m-jähriger Versicherungsdauer noch vorhandenen Bestand von l_{x+m} Personen ist gleich dem Werte,* welchen am Schluß des mten Versicherungsjahres der Überschuß der bis zu jenem Zeitpunkte bereits gezahlten Nettoprämien der Versicherten über die schon stattgefundenen Auszahlungen der Versicherungsanstalt hat; dabei ist vorausgesetzt, daß wir zu Anfang eine fingierte Gesellschaft von l_x Personen haben, die unter genau gleichen Bedingungen versichert sind und nach der Sterblichkeitstafel absterben, und daß alle Summen zu dem für die Prämienberechnung gewählten Zinsfuße angelegt werden.

Die jetzige Definition erklärt die Prämienreserve auf Grund der rechnungsmäßigen Grundlagen aus der Vergangenheit und heißt daher retrospektiv. Unter der Annahme, daß alles rechnungsmäßig verläuft, ist die prospektiv bestimmte Prämienreserve gleich der retrospektiven.

Die Prämienreserve ist bisher für einen Bestand von l_{x+m} Personen definiert worden; für eine Person ist sie der l_{x+m}te Teil dieser Summe. Ist die versicherte Summe die Einheit, so soll die Prämienreserve zu Ende des m ten Versicherungsjahres für eine bei Abschluß der Versicherung x-jährige Person mit ${}_mV_x$ (XXXIV) bezeichnet werden; ${}_mV_x$ ist dabei immer so zu verstehen, daß alle versicherten Summen, die im Laufe des m ten Versicherungsjahres und bei Leibrentenversicherungen am $x+m$ten Geburtstage des Versicherten, d. h. nach Ablauf von m Versicherungsjahren, fällig werden, von der Versicherungsanstalt bereits am Schluß des m ten Versicherungsjahres ausgezahlt sind. (XXXIV)

Im folgenden bedeute $A_{(m)}$ die einmalige Nettoprämie, welche der zur Zeit der Prämienreserveberechnung $x+m$-jährige zu bezahlen hätte, wenn er sich erst zu jenem Termin für die Zukunft noch dieselben Vorteile der Versicherung auf die Summe 1 verschaffen wollte, die er sich bereits am $x$ten Geburtstag vertragsmäßig ausbedungen hatte. Offenbar beträgt m Jahre nach Abschluß des Vertrages, also am Schluß des $m$ten Versicherungsjahres, welches mit dem Beginn des $m+1$ten zusammenfällt, der Barwert der künftig von der Versicherungsanstalt an die dann noch lebenden l_{x+m} Personen auszuzahlenden Versicherungssummen $l_{x+m} A_{(m)}$; denn die Summe $A_{(m)}$ deckt infolge des Prinzips der Gleichheit von Leistung und Gegenleistung gerade die zu erwartenden Ausgaben der Versicherungsanstalt für eine auf die Summe 1 versicherte $x+m$-jährige Person.

Nehmen wir zunächst an, daß der Versicherte einen derartigen Versicherungsvertrag abgeschlossen hat, daß er m Jahre nach Abschluß der Versicherung und in den folgenden Jahren von jeder Prämienzahlung frei ist. In diesem Falle steht der Schuld der Versicherungsanstalt am Schluß des $m$ten Versicherungsjahres an die dann noch lebenden l_{x+m} Personen in Höhe von $l_{x+m} A_{(m)}$ keine zu erwartende Einnahme von seiten der Versicherten gegenüber. Die prospektive Methode ergibt daher als Prämienreserve für die l_{x+m} Personen einfach $l_{x+m} A_{(m)}$ und für eine Person $A_{(m)}$. Hieraus folgt: Schließt eine x-jährige Person eine derartige Versicherung ab, daß sie zu Beginn des $m+1$ten und der folgenden Versicherungsjahre keine Prämien mehr zu zahlen hat, so ist für diese Versicherung die Prämienreserve am Schluß des $m$ten Versicherungsjahres gleich der einmaligen Nettoprämie einer x + m-jährigen Person für dieselbe Versicherung.

Der gewonnene Satz soll auf einige Beispiele angewandt werden; er lehrt im besonderen die Prämienreserve für Versicherungen mit einmaliger Prämienzahlung finden; denn bei einmaliger Prämienzahlung zahlt der Versicherte bei Beginn des zweiten und aller folgenden Versicherungsjahre keine Prämien; es ist daher ${}_mV_x = A_{(m)}$.

Versichert sich eine x-jährige Person auf eine lebenslänglich, jährlich postnumerando in der gleichen Höhe C zahlbare Leibrente (vgl. S. 51), so ist die Prämienreserve am Schlusse des m ten Versicherungsjahres $C\,a_{x+m}$; hierbei ist die am Anfang des m + 1 ten Versicherungsjahres fällige Rente C bereits am Schluß des m ten Versicherungsjahres zur Auszahlung gelangt angenommen.

Fragen wir im Falle einmaliger Prämienzahlung nach der Prämienreserve am Schlusse des m ten Versicherungsjahres für eine postnumerando zahlbare, um t Jahre aufgeschobene Leibrente 1 auf das Leben einer x-jährigen Person (vgl. S. 58). Die Leibrente ist zum ersten Male bei Erleben des Schlusses des t ten, dann des t + 1 ten Versicherungsjahres, u. s. w. zahlbar anzunehmen. Es ergibt sich: Für $t > m$ wird ${}_mV_x = {}_{t-m|}a_{x+m}$; denn der Versicherte ist zur Zeit der Prämienreserveberechnung x + m-jährig und seine Versicherung ist nach Verlauf von $m < t$ Versicherungsjahren eine nur noch um t — m Jahre aufgeschobene Postnumerando-Leibrentenversicherung. Für $t \leqq m$ wird ${}_mV_x = a_{x+m}$.

Für die einfache Todesfallversicherung mit einmaliger Prämienzahlung ist die Prämienreserve am

Schlusse des m ten Versicherungsjahres: ${}_mV_x = A_{x+m}$; denn A_{x+m} ist die einmalige Nettoprämie des $x+m$-jährigen für die einfache Todesfallversicherung.

Bei einer Todesfallversicherung auf die Summe 1 mit jährlicher, gleichbleibender Prämienzahlung bis zur Vollendung des $x+t-1$ten Lebensjahres (vgl. S. 85) wird für $m \geqq t$, also nach Aufhören der Prämienzahlung, die Prämienreserve am Schlusse des m ten Versicherungsjahres auch durch A_{x+m} gegeben.

Bezüglich der Bezeichnung ist noch zu bemerken, daß man häufig das Symbol V für die Prämienreserve analog wie P (vgl. S. 80) mit dem Symbol, welches die einmalige Prämie der Versicherung darstellt, verbindet. Man bezeichnet mit ${}_mV(A_x)$ die Prämienreserve einer einfachen Todesfallversicherung für einen x-jährigen auf die Summe 1 nach m Jahren bei einmaliger Prämienzahlung.

Wir haben noch die Prämienreserve am Schlusse des m ten Versicherungsjahres für den Fall zu bestimmen, daß die Versicherungsanstalt noch nach jenem Termine von dem Versicherten Prämien zu beanspruchen hat. Die noch fälligen Prämienzahlungen mögen bei Beginn des $m+1$ten Versicherungsjahres und, wenn auch noch später, so in jährlichen Terminen stattfinden. Wie auf S. 107 denken wir uns eine fingierte Gesellschaft von l_x Personen; von diesen leben am Schlusse des m ten Versicherungsjahres noch l_{x+m} Personen. Der Barwert der von der Versicherungsanstalt künftig an diese l_{x+m} Personen auszuzahlenden Versicherungssummen beträgt, wenn jede Person auf die Summe 1 versichert ist, $l_{x+m} A_{(m)}$ (vgl. S. 110). Dieser Schuld der Anstalt stehen jetzt die von den l_{x+m} Personen noch zu erwartenden Leistungen gegenüber. P_x möge die jährliche, gleichbleibende Nettoprämie sein, welche die versicherte x-jährige Person für die Einheit der versicherten Summe zu entrichten hat. Unter $a_{(m)}$ verstehen wir im folgenden die einmalige Nettoprämie, welche eine $x+m$-jährige Person für eine Leibrente in Höhe der Einheit zu zahlen hat, wenn dieselbe der $x+m$-jährigen Person zum ersten Male sofort und dann alljährlich bis zu demjenigen Lebensalter ausgezahlt wird, bis zu welchem die versicherte x-jährige Person vertragsmäßig Prämienzahlungen zu leisten hat. Von dem Beginn des $m+1$ten Versicherungsjahres betrachten wir die jährlichen Prämienzahlungen P_x als Leibrenten, welche die Versicherungsanstalt von den l_{x+m} Personen des Alters $x+m$ bis zu deren Tode bez. bis zu dem Lebensalter empfängt, mit welchem die Prämienzahlung vertragsmäßig aufhört. $P_x \,.\, a_{(m)}$ ist dann offenbar der Barwert der Jahresprämien P_x, welche die Versicherungsanstalt noch von jeder der l_{x+m} Personen zu erwarten hat; von den l_{x+m} Personen hat die Anstalt folglich noch die Einnahme $l_{x+m} P_x \,.\, a_{(m)}$ zu erhoffen. Die prospektive Methode ergibt mithin, wenn die versicherte Summe 1 ist, die Prämienreserve am Schlusse des mten Versicherungsjahres für die dann noch lebenden l_{x+m} Personen als Differenz:

$$l_{x+m} A_{(m)} - l_{x+m} P_x \, a_{(m)}$$

und daher für eine Person:

$$_mV_x = A_{(m)} - P_x \, a_{(m)} \qquad (111).$$

Wir führen noch die Bezeichnung $P_{(m)}$ ein; hierunter verstehen wir die jährliche, gleichbleibende Nettoprämie, für welche sich der zur Zeit der Prämienreservebestimmung $x+m$-jährige die Vorteile der dann noch in Kraft befindlichen, von ihm als x-jährigem abgeschlossenen Versicherung erkaufen könnte; dabei sollen die Prämienzahlungen für den $x + m$-jährigen zu denselben Terminen wie die noch zu erwartenden Prämienzahlungen P_x des x-jährigen stattfinden. In Analogie mit Formel (73) muß

$$P_{(m)} = \frac{A_{(m)}}{a_{(m)}} \qquad (112)$$

sein; denn $P_{(m)}$ bez. $A_{(m)}$ sind die jährliche bez. einmalige Nettoprämie für dieselbe Versicherungsart, $a_{(m)}$ ist der Barwert der zu denselben Terminen wie $P_{(m)}$ zahlbaren Pränumerando-Leibrente. Alle drei Größen beziehen sich, statt wie in (73) auf eine x-jährige, jetzt auf eine $x + m$-jährige Person. Setzt man $A_{(m)} = P_{(m)}\, a_{(m)}$ in Formel (111), so erhält man:

$$_mV_x = \left(P_{(m)} - P_x\right) a_{(m)} \qquad (113).$$

Diese Formel kann man sich auf folgende Weise deuten: Will der Versicherte von seinem $x + m$ten Geburtstage an alljährlich so lange, wie seine Prämienzahlung stattfindet, pränumerando die Leibrente 1 empfangen, so hat er einer Versicherungsanstalt an seinem $x + m$ten Geburtstage die Summe $a_{(m)}$ zu übergeben; für die Summe $(P_{(m)} - P_x)\, a_{(m)}$, welche gleich $_mV_x$ ist, empfängt er mithin die Leibrente $P_{(m)} - P_x$. Hieraus folgt: Übergibt ein $x + m$-jähriger einer Versicherungsanstalt die Prämienreserve $_mV_x$, so braucht er trotz höheren Lebensalters nur die Prämien zu bezahlen, welche er auch hätte bezahlen müssen, wenn er schon als x-jähriger die Versicherung eingegangen wäre, und ist dennoch ebenso versichert, als wenn er die Versicherung an seinem xten Geburtstage abgeschlossen hätte. Infolge des Besitzes der Prämienreserve $_mV_x$ kann die Versicherungsanstalt nämlich als Empfängerin einer jährlichen Leibrente $P_{(m)} - P_x$ während der Zeit des Prämienbezuges angesehen werden; kommt hierzu noch die jährliche Prämie P_x, so hat die Anstalt jährlich die Summe $P_{(m)}$ zur Verfügung, welche die jährliche Prämienzahlung des $x + m$-jährigen ist.

Wir wenden die Formeln (111) und (113) noch auf die einfache und gemischte Todesfallversicherung an. Für die einfache Todesfallversicherung mit jährlicher, gleichbleibender, lebenslänglicher Prämienzahlung ist nach Formel (88) $P_x = \frac{M_x}{N_{x-1}}$ und daher wird

$$_mV_x = A_{x+m} - P_x \cdot a_{x+m} \qquad (114),$$

$$_mV_x = \left(P_{x+m} - P_x\right) a_{x+m} \qquad (115).$$

Bei der gemischten Todesfallversicherung ist, falls die versicherte Summe 1 beim Tode oder spätestens beim Erleben des $x + n$ten Geburtstages zur Auszahlung gelangt und die Prämienzahlung bis zur Vollendung des $x + n - 1$ten Lebensjahres dauert, die jährliche, gleichbleibende Prämie, wie aus (94) folgt, für eine x-jährige Person:

$$P_{x\overline{n|}} = \frac{M_x - M_{x+n} + D_{x+n}}{N_{x-1} - N_{x+n-1}}.$$

In Formel (113) wird

$$P_{(m)} = P_{x+m\,\overline{n-m|}} = \frac{M_{x+m} - M_{x+n} + D_{x+n}}{N_{x+m-1} - N_{x+n-1}}.$$

$a_{(m)}$ wird $_{|n-m}a_{x+m}$ (vgl. Bezeichnung XV); denn wir haben es hier mit einer $x + m$-jährigen Person und einer $n - m$-jährigen temporären Pränumerando-Leibrente zu tun.

Es ist also nach (113)

$$_mV_x = \left(P_{x+m\,\overline{n-m|}} - P_{x\overline{n|}}\right) \cdot {}_{|n-m}a_{x+m}$$

und nach (111)

$$ {}_{m}V_{x} = A_{x+m\,\overline{n-m}|} - P_{x\overline{n}|} \cdot {}_{|n-m}a_{x+m}. $$

Es ist möglich, daß sich bei gewissen Versicherungsarten zeitweilig eine negative Prämienreserve ergibt, d. h., daß die Versicherungsanstalt zu jenen Zeiten dem Versicherten Gelder vorgeschossen hat, die sie erst durch künftige Prämienzahlungen zurückempfängt. Würde der Versicherte seine Versicherung vorzeitig zu einem Zeitpunkte aufgeben, an dem die Prämienreserve negativ ist, so würde dies für das Versicherungsinstitut verlustbringend sein. Da es nicht Sitte ist, Versicherte für Aufgabe der Versicherung, falls sie die bis zu jenem Zeitpunkte fälligen Prämien bezahlt haben, ein Reuegeld erlegen zu lassen, so sollen die Versicherungsanstalten Versicherungen, bei denen die Prämienreserve zeitweilig negativ wird, nicht abschließen. Eine negative Prämienreserve nach der Nettomethode würde sich beispielsweise bei einer Todesfallversicherung neugeborener Kinder mit lebenslänglicher, jährlicher, gleichbleibender Prämienzahlung ergeben. Wegen der großen Sterbegefahr der Neugeborenen wird für diese Versicherung P_0 nach den meisten Sterbetafeln größer als P_1 und P_2, daher sind ${}_1V_0$ und ${}_2V_0$, wie Formel (115) ergibt, negativ. Versicherte, welche die Nettoprämie P_0 bezahlen würden, hätten also für das große Risiko der Versicherungsanstalt in den ersten Versicherungsjahren später nachzubezahlen. Auch die im Kap. III, § 10 geschilderte Versicherung kann, wenn sie mit jährlicher, gleichbleibender Prämienzahlung abgeschlossen wird und die Auszahlungssummen mit wachsendem Lebensalter stark abnehmen, zeitweilig negative Prämienresere ergeben. Anträge auf derartige Versicherungen soll die versichernde Anstalt abweisen.

§ 2. Spar- und Risikoprämie.

Wir wollen noch näher untersuchen, was die Versicherungsanstalt mit den vereinnahmten Nettoprämien zu tun hat, und die von juristischer Seite hervorgehobene Doppelnatur der Lebensversicherung als Spar- und Risikovertrag auseinandersetzen.

Hat eine x-jährige Person eine Versicherung auf die Summe 1 abgeschlossen, so hat m — 1 Jahre nach Beginn des Versicherungsvertrages die Versicherungsanstalt für die betreffende Versicherung die Prämienreserve ${}_{m-1}V_x$ gesammelt. Am Schlusse des m ten Versicherungsjahres ist die Prämienreserve gleich ${}_mV_x$; diese Summe hat bei Beginn des m ten Versicherungsjahres, also ein Jahr früher, nach Formel (4) den Barwert $v \cdot {}_mV_x$. Um am Schluß des m ten Versicherungsjahres die Prämienreserve ${}_mV_x$ zu haben, muß die Versicherungsanstalt bei Beginn des m ten Versicherungsjahres außer der Prämienreserve ${}_{m-1}V_x$ noch die Summe $v \cdot {}_mV_x - {}_{m-1}V_x$ zinstragend zu dem rechnungsmäßigen Zinsfuß anlegen; die zuletzt angegebene Summe $v \cdot {}_mV_x - {}_{m-1}V_x$ wird als Sparprämie bezeichnet. Ist P_x die bei Beginn des m ten Versicherungsjahres für das betreffende Jahr von dem Versicherten für die Summe 1 zu zahlende Nettoprämie, so entnimmt die Versicherungsanstalt der Prämie P_x die Sparprämie $v \cdot {}_mV_x - {}_{m-1}V_x$; der noch übrigbleibende Rest $P_x - (v \cdot {}_mV_x - {}_{m-1}V_x)$ dient bei Sterbensversicherungen zur Deckung des Risikos der Versicherung während des betreffenden Jahres und heißt Risikoprämie.

Hat der sich im Alter von x Jahren Versichernde z. B. eine Todesfallversicherung mit jährlich gleichbleibender, lebenslänglicher Prämienzahlung auf die

Summe 1 abgeschlossen, so ist die Prämienreserve nach Formel (114):

$$ {}_mV_x = A_{x+m} - P_x \cdot a_{x+m}, \text{ also} $$
$$ {}_{m-1}V_x = A_{x+m-1} - P_x \cdot a_{x+m-1}. $$

Unter Benützung von (47) und (19) wird:

$$ {}_{m-1}V_x = v(q_{x+m-1} + p_{x+m-1} A_{x+m}) - P_x(1 + a_{x+m-1}). $$

Mit Hülfe von (15) ergibt sich:

$$ {}_{m-1}V_x = v(q_{x+m-1} + p_{x+m-1} A_{x+m}) - $$
$$ - P_x\left[1 + p_{x+m-1} v(1 + a_{x+m})\right] $$
$$ = v\, p_{x+m-1}\left(A_{x+m} - P_x(1 + a_{x+m})\right) + v q_{x+m-1} - P_x. $$

Infolge der Formel (19) und (114) wird:

$$ {}_{m-1}V_x = v\, p_{x+m-1} \cdot {}_mV_x + v\, q_{x+m-1} - P_x. $$

Hieraus folgt, daß die Risikoprämie

$$ P_x - (v \cdot {}_mV_x - {}_{m-1}V_x) = $$
$$ = P_x - v \cdot {}_mV_x + v p_{x+m-1} \cdot {}_mV_x + v q_{x+m-1} - P_x = $$
$$ = v \cdot {}_mV_x (p_{x+m-1} - 1) + v q_{x+m-1} $$

oder mit Benützung von (7) gleich

$$ - v \cdot {}_mV_x\, q_{x+m-1} + v q_{x+m-1} = $$
$$ = v q_{x+m-1}(1 - {}_mV_x) \text{ wird.} $$

Stirbt der Versicherte im mten Versicherungsjahre, so hat die Versicherungsanstalt am Schluß des mten Versicherungsjahres für den Versicherten die Prämienreserve ${}_mV_x$ gesammelt; da die zu leistende Zahlung 1 ist, so muß das Versicherungsinstitut die vorhandene Summe ${}_mV_x$ durch den Betrag $1 - {}_mV_x$ ergänzen. Die Summe $1 - {}_mV_x$ heißt das r e d u z i e r t e, v e r s i c h e r t e K a p i t a l. Da der Versicherte in das mte Versicherungsjahr x+m—1-jährig tritt, so ist die Risikoprämie $v q_{x+m-1}(1 - {}_mV_x)$ nach S. 86 gleich der natürlichen Prämie des $x + m - 1$-jährigen für das reduzierte Kapital. Bei der Todesfallversicherung mit jährlich gleichbleibender, lebenslänglicher Prämienzahlung kann die alljährlich vereinnahmte Nettoprämie in zwei Summanden zerlegt werden, nämlich die Sparprämie zur Ansammlung der Prämienreserve und die Risikoprämie, die es der Versicherungsanstalt ermöglicht, bei früherem Tode des Versicherten die Prämienreserve zu der vertragsmäßig festgesetzten Summe zu ergänzen. Die zwei Summanden, in welche die Prämie P_x gespalten wurde, ändern sich von Jahr zu Jahr.

Ähnlich wie bei der Todesfallversicherung mit jährlicher, gleichbleibender, lebenslänglicher Prämienzahlung liegt es bei der gemischten Todesfallversicherung mit jährlicher, gleichbleibender Prämienzahlung.

Schließt eine x-jährige Person eine einfache Todesfallversicherung auf die Summe 1 gegen einmalige Prämienzahlung ab, so ist die Prämienreserve ${}_mV_x = A_{x+m}$ (vgl. S. 112). Die Sparprämie $v \,.\, {}_mV_x - {}_{m-1}V_x$ wird daher gleich $v\,A_{x+m} - A_{x+m-1}$ oder unter Benützung von Formel (47):

$$\begin{aligned} v\,A_{x+m} - v\,(q_{x+m-1} + p_{x+m-1}\,A_{x+m}) &= \\ = v\,A_{x+m}\,(1 - p_{x+m-1}) - v\,q_{x+m-1} &= \\ = v\,A_{x+m}\,q_{x+m-1} - v\,q_{x+m-1} &= \\ = v\,q_{x+m-1}\,(A_{x+m} - 1). \end{aligned}$$

Zu Beginn des m ten Versicherungsjahres $(m > 1)$ nimmt die Versicherungsanstalt von dem Versicherten keine Prämien ein, daher ist bei der Risikoprämie für die Todesfallversicherung mit einmaliger Prämienzahlung $P_x = 0$ zu setzen. Die Risikoprämie wird $- v \,.\, {}_mV_x + {}_{m-1}V_x = v\,q_{x+m-1}\,(1 - A_{x+m})$. Am Schlusse des m ten Versicherungsjahres hat die Versicherungsanstalt für die geschilderte Versicherung die Prämienreserve A_{x+m}; mithin ist zu diesem Zeitpunkte das reduzierte versicherte Kapital $1 - A_{x+m}$. Die Risikoprämie $v\,q_{x+m-1}\,(1 - A_{x+m})$ stellt folglich die natürliche Prämie des $x+m-1$-jährigen auf das reduzierte Kapital am Ende des $m$ten Versicherungsjahres dar. Da $1 > A_{x+m}$ ist, so ist die Sparprämie $v\,q_{x+m-1}(A_{x+m}-1)$ negativ. Diese Tatsache erklärt sich auf folgende Weise: Die am Schlusse des $m-1$ten Versicherungsjahres vorhandene Prämienreserve ${}_{m-1}V_x = A_{x+m-1}$ wächst im Laufe eines Jahres nach Formel (1) zu $(1+i) \cdot {}_{m-1}V_x = \frac{A_{x+m-1}}{v}$ an. Nach Formel (47) wird

$$\frac{A_{x+m-1}}{v} = q_{x+m-1} + p_{x+m-1}\,A_{x+m} =$$
$$= q_{x+m-1} + (1 - q_{x+m-1})\,A_{x+m} =$$
$$= A_{x+m} + q_{x+m-1}(1 - A_{x+m}).$$

Am Schlusse des $m$ten Versicherungsjahres braucht nur die Prämienreserve A_{x+m} vorhanden zu sein. Wird die Prämienreserve ${}_{m-1}V_x = A_{x+m-1}$ zinstragend angelegt, so hat die Versicherungsanstalt am Schlusse des $m$ten Versicherungsjahres außer der Prämienreserve A_{x+m} noch die Summe $q_{x+m-1}(1-A_{x+m})$, die zu Beginn des $m$ten Versicherungsjahres, also ein Jahr früher, den Barwert $v\,q_{x+m-1}(1-A_{x+m})$ hatte, zur Verfügung. Die überschüssige Summe $v\,q_{x+m-1}(1-A_{x+m})$ ist die Risikoprämie für das $m$te Versicherungsjahr; durch zinstragende Anlegung dieser Summe kann das versichernde Institut die Auszahlungen für die im Laufe des $m$ten Versicherungsjahres stattfindenden Sterbefälle am Ende desselben leisten.

Betrachten wir noch die Erlebensversicherung des x-jährigen auf die Summe 1 gegen einmalige Prämienzahlung, wie wir sie S. 61 behandelt haben. Die Prämienreserve, ${}_mV_x$ wird gleich ${}_{n-m}E_{x+m}$ oder nach Formel (39) $\frac{l_{x+n}}{l_{x+m}}\,v^{n-m}$. Die Sparprämie $v \cdot {}_mV_x - {}_{m-1}V_x$

$$\text{wird } v \,.\, \frac{l_{x+n}}{l_{x+m}} v^{n-m} - \frac{l_{x+n}}{l_{x+m-1}} v^{n-m+1}$$

$$= v^{n-m+1} \,.\, \frac{l_{x+n}}{l_{x+m-1}} \,.\, \frac{l_{x+m-1} - l_{x+m}}{l_{x+m}}.$$

Unter Benützung von (VI) wird die Sparprämie

$$v^{n-m+1} \,.\, \frac{l_{x+n}}{l_{x+m-1}} \,.\, \frac{d_{x+m-1}}{l_{x+m}}.$$

Die Risikoprämie ist, da einmalige Prämienzahlung stattfindet, $-(v\,{}_mV_x - {}_{m-1}V_x) =$

$= - v^{n-m+1} \,.\, \frac{l_{x+n}}{l_{x+m-1}} \,.\, \frac{d_{x+m-1}}{l_{x+m}}$, also negativ. Dies erklärt sich auf folgende Art: Die Prämienreserve bei Beginn des m ten Versicherungsjahres ist bei der zu untersuchenden Erlebensversicherung ${}_{m-1}V_x = v^{n-m+1} \,.\, \frac{l_{x+n}}{l_{x+m-1}}$; von der fingierten Gesellschaft von l_x Personen sterben im Laufe des m ten Versicherungsjahres d_{x+m-1} Personen; die Prämienreserve dieser d_{x+m-1} Personen, die $d_{x+m-1} \,.\, v^{n-m+1} \,.\, \frac{l_{x+n}}{l_{x+m-1}}$ beträgt, fällt bei der Erlebensversicherung an die Versicherungsanstalt und ist von dieser zur Erhöhung der Prämienreserve der l_{x+m} Personen, die nach dem Grundschema das m te Versicherungsjahr überleben, zu verwenden. Für eine Person kann also die Versicherungsanstalt bei Beginn des m ten Versicherungsjahres darauf rechnen, den l_{x+m}ten Teil der Summe $d_{x+m-1} \,.\, v^{n-m+1} \frac{l_{x+n}}{l_{x+m-1}}$, also $\frac{d_{x+m-1}}{l_{x+m}} \,.\, \frac{l_{x+n}}{l_{x+m-1}} v^{n-m+1}$, zur Verfügung zu haben, d. i. bis auf das Vorzeichen der Wert der Risikoprämie. Das negative Vorzeichen drückt aus, daß diese Summe von der Versicherungsanstalt fortzustellen, nicht etwa auszuzahlen ist. Durch zinstragende Anlegung der Prämienreserve ${}_{m-1}V_x$ und der Summe

$v^{n-m+1} \cdot \frac{d_{x+m-1}}{l_{x+m}} \cdot \frac{l_{x+n}}{l_{x+m-1}}$ während eines Jahres wird die Prämienreserve ${}_mV_x$ erhalten; denn es ist

$$ {}_mV_x = \frac{1}{v}\left({}_{m-1}V_x + v^{n-m+1} \cdot \frac{d_{x+m-1}}{l_{x+m}} \cdot \frac{l_{x+n}}{l_{x+m-1}}\right). $$

Es ist wohl kaum nötig, nochmals hervorzuheben, daß in diesem § ebenso wie im vorigen bei den Betrachtungen über die Prämienreserve ausschließlich rechnungsmäßiger Verlauf nach dem Grundschema angenommen wurde.

§ 3. Die Zillmersche Prämienreserve.

Für die Berechnung der Prämienreserve wird außer der Nettomethode in der Praxis nur noch die Zillmersche Methode verwandt.

Bei Abschluß einer jeden neuen Versicherung arbeitet im ersten Versicherungsjahre jede Versicherungsunternehmung mit größeren Unkosten als in den folgenden Jahren; sie hat die ersten Unkosten der Versicherung, vorzüglich die bei einigen Gesellschaften sehr hohe Abschlußprovision, welche der Agent erhält, zu tragen. Trotzdem erhält die Versicherungsunternehmung bei jährlicher, gleichbleibender Prämienzahlung im ersten Versicherungsjahre keine höhere Bruttoprämie als in den folgenden Jahren. Die Differenz zwischen einer jährlichen Brutto- und Nettoprämie reicht gewöhnlich nicht zur Deckung der Abschlußprovision aus. Die Zillmersche Theorie, welche von dem auch schon S. 17 genannten Dr. Zillmer erfunden wurde, sucht der Versicherungsgesellschaft aus der Bruttoprämie des ersten Jahres einen größeren Betrag zur Bestreitung der ersten Unkosten und zwar auf Kosten der Prämienreserve zu verschaffen. Sei P'_x die jährliche, gleichbleibende Bruttoprämie, δ_x die einmaligen Unkosten, P_x die jährliche, gleichbleibende Nettoprämie, $k \cdot P_x$ die jährlichen Unkosten. Alle Bezeichnungen beziehen sich auf die Einheit der versicherten Summe und sind dieselben wie in Formel (99). Aus Formel (100) ergeben sich die jährlichen Unkosten $k P_x$:

$$k P_x = P'_x - P_x - \frac{\delta_x}{a}.$$

Hieraus folgt: die jährliche Einnahme $P_x + \frac{\delta_x}{a}$ deckt alljährlich die Nettoprämie P_x und während der gesamten Zeit der Prämienzahlung durch den alljährlich verbleibenden Rest $\frac{\delta_x}{a}$ die einmaligen Unkosten in Höhe δ_x. Die Zillmersche Methode betrachtet die einmaligen Unkosten δ_x als dem Versicherten vorgeschossen; diese Summe δ_x tilgt der Versicherte alljährlich und zwar durch den Betrag $\frac{\delta_x}{a}$, so daß die Versicherungsanstalt am Ende der Prämienzahlung die dem Versicherten als geliehen angesehenen ersten Unkosten δ_x wiedererhalten hat.

Die Zillmersche Prämienreserve, die wir für die Einheit der versicherten Summe am Schlusse des m ten Versicherungsjahres mit ${}_mV'_x$ (XXXV) bezeichnen, (XXXV) wird nach der prospektiven Methode als Überschuß des Barwertes der von der Versicherungsanstalt künftig auszuzahlenden Summen über den Barwert der zu erwartenden jährlichen Einnahmen berechnet; als jährliche

Einnahme wird jedoch nicht wie bei der Nettomethode die Nettoprämie P_x angesehen, sondern P_x vermehrt um die Tilgungsquote $\frac{\delta_x}{a}$, welche der Versicherte zur Ablösung der als ihm vorgeschossen zu denkenden Summe δ_x, der ersten oder Anwerbungsunkosten, alljährlich in seiner Bruttoprämie mitbezahlt. $P_x + \frac{\delta_x}{a}$ heißt Reserveprämie. In Analogie mit Formel (111) findet man durch Einführung der Reserveprämie $P_x + \frac{\delta_x}{a}$:

$$_mV'_x = A_{(m)} - \left(P_x + \frac{\delta_x}{a}\right)a_{(m)}. \qquad (116).$$

Analog zu Formel (113) erhält man:

$$_mV'_x = \left(P_{(m)} - P_x - \frac{\delta_x}{a}\right) a_{(m)}. \qquad (117).$$

Es ist:

$$_mV_x - {}_mV'_x = \frac{\delta_x}{a}\, a_{(m)}. \qquad (118).$$

Nach seiner Bedeutung wird $a_{(m)}$, wenn wir von Versicherungen, die in den frühesten, durch außergewöhnlich große Sterblichkeit sich auszeichnenden Kinderjahren abgeschlossen werden, absehen, mit wachsendem m kleiner und kleiner, so daß die Zillmersche Prämienreserve sich der Prämienreserve nach der Nettomethode mehr und mehr nähert und beide für $m = 1$ die größte Differenz aufweisen. Nach Formel (118) ist:

$$_1V_x - {}_1V'_x = \frac{\delta_x}{a}\, a_{(1)}. \qquad (119).$$

Nach dem deutschen Reichsgesetze darf der Betrag $\frac{\delta_x}{a} a_{(1)}$, um den bei Berechnung der ersten Prämienreserve gezillmert wird, nicht 0,0125 überschreiten (vgl. S. 15).

Es kann in Formel (119) $\frac{\delta_x}{a} a_{(1)} > {}_1V_x$ sein, d. h. ${}_1V'_x$ ist infolge zu großer Wahl des δ_x negativ. Die negative Prämienreserve ${}_1V'_x$ würde bedeuten, der Versicherte ist nach Ablauf eines Versicherungsjahres tatsächlicher Schuldner der Anstalt. Daß ${}_1V'_x$ negativ wird, muß aus analogen Gründen wie auf S. 116 vermieden werden. Zillmer verlangt daher, daß ${}_1V'_x$ nicht kleiner als Null wird. Nach (117) ist: ${}_1V'_x = \left(P_{(1)} - P_x - \frac{\delta_x}{a}\right) a_{(1)}$; da $a_{(1)} \neq 0$ ist, so folgt, wenn ${}_1V'_x = 0$ gesetzt wird,

$$P_{(1)} - P_x - \frac{\delta_x}{a} = 0 \text{ oder } \delta_x = a\,(P_{(1)} - P_x) \quad (120).$$

Das durch (120) bestimmte δ_x ist das Zillmersche Maximum der ersten Unkosten; die ersten Unkosten sollen pro Einheit der versicherten Summe, wie Zillmer verlangt, $a\,(P_{(1)} - P_x)$ nicht übersteigen; ob ein unterhalb $a\,(P_{(1)} - P_x)$ gewähltes δ_x für die Praxis immer ausreicht, um die ersten Unkosten zu decken, ist eine andere Frage.

Wählt man δ_x aus (120), so wird Formel (116) ergeben:

$${}_mV'_x = A_{(m)} - (P_x + P_{(1)} - P_x)a_{(m)} = A_{(m)} - P_{(1)}\,a_{(m)} \quad (121).$$

$P_{(1)}$ ist die Nettoprämie des $x+1$-jährigen; die rechte Seite der Formel (121) unterscheidet sich von derjenigen der Formel (111) nur dadurch, daß statt der Nettoprämie des x-jährigen die des $x+1$-jährigen getreten ist. Man bezeichnet daher die besprochene Methode, wenn für δ_x das Zillmersche Maximum der ersten Unkosten gewählt wird, als $x+1$ Methode.

Die Zillmersche Prämienreserve nähert sich von

Jahr zu Jahr, da in Formel (118) $a_{(m)}$ mit wachsendem m kleiner wird, der Prämienreserve nach der Nettomethode und wird schließlich dieselbe Höhe wie jene erreichen. Um das letztere näher zu beleuchten, nehmen wir an, es finde tmalige, jährliche, gleichbleibende Prämienzahlung statt. Nach (116) wird:

$$_{t-1}V'_x = A_{(t-1)} - \left(P_x + \frac{\delta_x}{a}\right) a_{(t-1)}. \quad (122).$$

Bei tmaliger Prämienzahlung ist offenbar $a_{(t-1)}$ seiner Bedeutung nach gleich 1. Daher geht (122) über in:

$$_{t-1}V'_x = A_{(t-1)} - \left(P_x + \frac{\delta_x}{a}\right).$$

Zu Beginn des tten Versicherungsjahres, unmittelbar nach dem Zeitpunkt, für welchen wir $_{t-1}V'_x$ berechneten, ist noch die Bruttoprämie P'_x fällig; von dieser entfällt P_x auf die Nettoprämie und $\frac{\delta_x}{a}$ dient zur Tilgung; nach Bezahlung der letzten Prämie P'_x ist die Prämienreserve $_{t-1}V_x$ vermehrt um die Reserveprämie $P_x + \frac{\delta_x}{a}$ gleich $A_{(t-1)}$. Denselben Effekt ergibt auch die Nettomethode, denn $_{t-1}V_x + P_x = A_{t-1}$; bei der Nettomethode ist nur die Nettoprämie P_x zu verwenden.

Aufsichtsbehörden waren der Zillmerschen Methode nie sehr günstig; solange man nur darauf hält, daß die Zillmersche Prämienreserve nicht negativ wird, läßt sie jedoch sich wissenschaftlich vertreten und es ist auch bei maßvoller Anwendung nichts Wesentliches gegen sie einzuwenden. Neue Versicherungsgesellschaften, welche von den Begründern kein Patengeschenk zur Bestreitung der ersten Unkosten für die neu abzuschließenden Versicherungen erhalten, können ohne Zillmerei kaum auskommen; alte Gesellschaften allerdings können die Anwerbekosten der neuen Versicherungen aus ihren früheren Ersparnissen decken und das Zillmern entbehren[1].

An die Behandlung der Zillmerschen Prämienreserve knüpfen wir noch die Bemerkung, daß bei einer Versicherung mit einmaliger oder abgekürzter Prämienzahlung sogar die Prämienreserveberechnung nach der Nettomethode noch nicht genügt. Die nach der Nettomethode gebildete Prämienreserve gestattet der Versicherungsgesellschaft zwar, wenn alles rechnungsmäßig verläuft, die versicherten Summen zu zahlen, hingegen hat das Institut, da ja von einem gewissen Termine an laut Vertrag keine Prämien mehr zu erwarten sind, nichts, wovon die Verwaltungskosten bestritten werden sollen. Bei einmaliger oder temporärer Prämienzahlung ist es daher erforderlich, um nicht die Verwaltungskosten für die alten, zur Zeit prämienfreien Versicherungen von den neu abzuschließenden decken zu lassen, während der Zeit der Prämienzahlung außer der Prämienreserve nach der Nettomethode noch eine Unkostenreserve zu bilden, welche die Verwaltungskosten der prämienfreien Zeit deckt.

§ 4. Rückkauf.

Häufig kommt es vor, daß ein Versicherter aus irgend welchen Gründen seine Prämienzahlung einstellt und auf diese Art vorzeitig freiwillig den Versicherungs-

[1] Literatur: Zillmer, Beiträge zur Theorie der Prämienreserve. Stuttgart 1863. Z. in Ehrenzweigs Assekuranzjahrbuch, 1881, zweiter Jahrg., die rationelle Deckung der Abschlußkosten in der Lebensversicherung. Z. in den Jahrb. f. Nationalökonomie und Statistik, Bd. 39, neue Folge Bd. 5, Jahrg. 1882. — Gegnerische Standpunkte: Ber. d. eidgenöss. Versicherungsamtes über die privat. Versicherungsunternehmungen im Jahr 1886, S. XXV. Heym, Jahrb. f. Nationalök. und Statistik, Bd. 39, neue Folge Bd. 5, Jahrg. 1882.

vertrag löst. Ist der Versicherte derartig versichert, daß die Versicherungsanstalt möglicherweise überhaupt keine Zahlungen zu leisten hat (frühzeitiger Tod bei der Erlebensversicherung), so gewährt sie, an diese Möglichkeit denkend, dem Versicherten keine sogenannte Abgangsvergütung. Eine Abgangsentschädigung oder, wie man sagt, ein Rückkaufspreis wird nur für diejenigen Versicherungsarten gewährt, bei denen die Versicherungssumme unter allen Umständen zur Auszahlung gelangen würde. Die Höhe des Rückkaufspreises einer Versicherung wird gewöhnlich auf Grund der Prämienreserve, die an dem fraglichen Zeitpunkte auf die betr. Versicherung fällt, bestimmt. Zwar ist die Prämienreserve einer einzelnen Versicherung eigentlich nicht als Eigentum des betr. Versicherten zu betrachten, sondern stellt nur einen Durchschnittswert dar, der ausschließlich mit Rücksicht auf eine Gesamtheit gleichaltriger, gleichzeitig unter denselben Bedingungen Versicherter bestimmt wurde; aber bei Aufgabe einer Versicherung hört deren Prämienreserve in den Büchern der Anstalt auf. Daher wird die Prämienreserve wohl mit Recht als Grundlage für die Abgangsentschädigung gewählt. Die einseitige Lösung des Versicherungsvertrages kann den Versicherungsbestand unter die notwendige Größe herabmindern; bei der Todesfallversicherung vergrößert sich durch den Austritt Gesunder das Gesamtrisiko, ferner entgeht der Versicherungsanstalt durch Einstellen der Prämienzahlung auch der als dauernd angenommene Zuschlag zur Nettoprämie, durch den Rückkauf entsteht der Anstalt auch Arbeit. Infolgedessen findet bei Aufgabe der Versicherung in den ersten Jahren überhaupt keine Entschädigung statt; später wird der Versicherte durch einen gewissen konstanten oder einen mit der Versicherungsdauer steigenden Prozentsatz der Prämienreserve entschädigt. Die gewährte Vergütung heißt Rückkaufswert[1]. Aus der Zahlung eines Rückkaufspreises folgt auch, daß die Versicherungsanstalt dem Versicherten seine Police, wie man den Versicherungsvertrag bezeichnet, bis zur Höhe des Rückkaufswertes beleihen kann. Man spricht dann von einem Policendarlehen.

Bisweilen will der Versicherte auch, statt den Rückkaufswert zu empfangen, eine Umwandlung seiner Police in eine künftig prämienfreie vornehmen. Bei dieser Umwandlung kommt gewöhnlich die volle Prämienreserve in Anrechnung, und zwar wird sie als einmalige Prämie benützt.

Beispiel: Die im Alter x abgeschlossene einfache Todesfallversicherung auf das Kapital C soll am Ende des m ten Versicherungsjahres in eine prämienfreie umgewandelt werden. Welche Summe bleibt versichert? Die Prämienreserve am Ende des m ten Versicherungsjahres beträgt $C \, . \, {}_mV_x$. Durch einmalige Zahlung der Summe A'_{x+m}, wobei A'_{x+m} die einmalige Bruttoprämie des $x+m$-jährigen für die Todesfallversicherung auf die Summe 1 bedeutet, ist die Summe 1 versichert. Durch die Summe $C \, . \, {}_mV_x$ ist mithin die Summe $\frac{C \, . \, {}_mV_x}{A'_{x+m}}$ versichert. Die beitragsfreie Prämie kann daher auf diese Summe ausgeschrieben werden.

---

[1] Über die Abgangsvergütung in der Lebensversicherung vgl. die Vorträge von Goldschmidt und Jost, abgedruckt in den Veröffentlichungen d. Deutsch. Vereins f. Versicherungswiss. Heft 1 (Januar 1903).

Kapitel VII.

Die Bilanz.

§ 1. Aktiva und Passiva.

Alljährlich hat eine Versicherungsanstalt eine Bilanz, d. h. eine Übersicht über ihre Aktiva und Passiva, aufzustellen, was gewöhnlich mit Schluß des Kalenderjahres geschieht. Zweck der Bilanz ist die Solvenz des Instituts darzutun. Zu den Passiven gehören in erster Reihe die Prämienreserven der einzelnen Versicherungen, deren Gesamtheit als die Prämienreserve der Versicherungsanstalt bezeichnet wird.

Der Eintrittstag des einzelnen Versicherten in die Versicherung, mit dem für ihn alljährlich ein neues Versicherungsjahr beginnt, fällt gewöhnlich nicht mit dem Geschäftsjahre, das am Tage nach der Bilanz seinen Anfang nimmt, zusammen. Daher müssen wir die Prämienreserve unter der Voraussetzung, daß der Versicherte $m + \frac{m_1}{m_2}$ Jahre versichert ist, behandeln; $\frac{m_1}{m_2}$ ist dabei ein echter, positiver Bruch, m eine ganze positive Zahl. Am Ende des m ten Versicherungsjahres ist für die Einheit der versicherten Summe die Prämienreserve ${}_mV_x$; am Anfang des $m+1$ ten Versicherungsjahres soll die jährliche Bruttoprämie, deren Nettoprämie P_x ist, bezahlt werden; hierdurch wächst die Prämienreserve auf ${}_mV_x + P_x$. Am Schlusse des $m+1$ ten Versicherungsjahres ist die Prämienreserve ${}_{m+1}V_x$; sie ist mithin im Laufe des Jahres von dem Zeitpunkt unmittelbar nach der Prämienzahlung bis zum Schluß des Jahres um: ${}_{m+1}V_x - ({}_mV_x + P_x)$ gewachsen. Nimmt man im Verlaufe eines Jahres das Wachstum proportional dem der verflossenen Zeit an, so steigt die Prämienreserve in $\frac{m_1}{m_2}$ Teilen des Jahres um:

$$\frac{m_1}{m_2}({}_{m+1}V_x - {}_mV_x - P_x).$$

Fügt man hierzu ${}_mV_x + P_x$, so hat man die Prämienreserve für die Einheit der versicherten Summe $m + \frac{m_1}{m_2}$ Jahre nach dem Beginn der Versicherung; diese Prämienreserve soll mit ${}_{m+\frac{m_1}{m_2}}V_x$ bezeichnet werden. Hieraus folgt:

$$\begin{aligned} {}_{m+\frac{m_1}{m_2}}V_x &= {}_mV_x + P_x + \frac{m_1}{m_2}({}_{m+1}V_x - {}_mV_x - P_x) \\ &= \left[\frac{m_1}{m_2} \cdot {}_{m+1}V_x + \left(1 - \frac{m_1}{m_2}\right) \cdot {}_mV_x\right] + P_x\left(1 - \frac{m_1}{m_2}\right). \quad (123) \end{aligned}$$

Eigentlich müßte man für jede Versicherung am Tage der Bilanz ihre Dauer $m + \frac{m_1}{m_2}$ bestimmen, ${}_{m+\frac{m_1}{m_2}}V_x$ berechnen und mit der Höhe des versicherten Kapitals multiplizieren, um die Prämienreserve für jede einzelne Versicherung und hieraus die Gesamtprämienreserve zu finden. Der Kürze halber betrachtet man einen jeden Versicherten, der zwischen m und m + 1 Jahre versichert ist, als durchschnittlich $m + \frac{1}{2}$ Jahre versichert und bildet ${}_{m+\frac{1}{2}}V_x$.

Aus (123) folgt:

$${}_{m+\frac{1}{2}}V_x = \frac{{}_{m+1}V_x + {}_mV_x}{2} + \frac{P_x}{2}. \quad (124)$$

Die Prämienreserve der einzelnen Versicherung erscheint als das arithmetische Mittel aus der Prämienreserve des laufenden und des vergangenen Versicherungsjahres, vermehrt um die halbe Nettoprämie. Manche Versicherungsanstalten führen in ihren Passiven nur den Teil der Prämienreserve, der dem Summanden $\frac{{}_{m+1}V_x + {}_mV_x}{2}$ in (124) entspricht, als Prämienreserve; der Teil der Prämienreserve, der dem $\frac{P_x}{2}$ entspricht, wird dann als unverdiente oder vorausbezahlte Prämie, welche eigentlich erst dem nächsten Rechnungsjahre zufällt, bezeichnet und in der Bilanz unter den Passiven als besonderer Posten „Prämienüberträge" geführt. Die meisten Versicherungsinstitute, welche in ihrer Bilanz gesondert Prämienüberträge buchen, berechnen diese aus der Brutto- statt aus der Nettoprämie. Die Prämienüberträge enthalten dann auch Kosten, welche für die Regie zu verwenden sind. Anstalten, welche zillmern, bedienen sich bei der Prämienreserveberechnung der Zillmerschen Prämienreserve und haben nicht die Nettoprämie, sondern mindestens die Reserveprämie (S. 124) für die Prämienüberträge zu verwenden.

Zu den Passiven einer Versicherungsanstalt gehört auch die sogenannte Schadenreserve. In diese sind alle am Tage der Bilanz bereits fällig gewordenen versicherten Summen, welche die Gesellschaft aus irgend welchen Gründen noch nicht auszahlte, aufzunehmen. Bei Versicherungen mit festem Auszahlungstermin, die zur Zeit der Bilanz prämienfrei sind (vgl. S. 83), sind die Barwerte der versicherten Summen am Tage der Bilanz in die Schadenreserve einzustellen.

Werden von einer Versicherungsanstalt für besonderes Risiko (schwächliche Personen, gefährdete Berufe, u. s. w.) Extrazuschläge zur Prämie erhoben, so müssen diese einer Risikoreserve zugeführt werden. Diese ist ebenso wie die S. 127 besprochene Unkostenreserve unter den Passiven zu führen. Zu den Passiven gehören ferner etwaige besondere Sicherheits- oder Extrafonds, die nicht als Eigentum der Versicherungsanstalt anzusehen sind, Guthaben dritter Personen, vorauserhaltene Prämien, sowie noch nicht ausgezahlte Überschüsse.

Den Passiven gegenüber stehen die den Besitz der Versicherungsanstalt bildenden Aktiva, die in Wertpapieren, barer Kasse, Außenständen u. s. w. bestehen. Hervorzuheben unter den Außenständen sind die Darlehen auf Policen sowie die gestundeten Prämien. Wir nahmen bei der Prämienzahlung und Prämienreserveberechnung immer an, daß bei Beginn des neuen Versicherungsjahres die ganze Jahresprämie fällig ist. Aus dieser Anschauung ergibt sich, daß bei ratenweiser Prämienzahlung im Laufe eines Jahres die am Tage der Bilanz noch nicht gezahlten Prämienteile als geliehen oder gestundet anzusehen sind. Am korrektesten handelt eine Anstalt, diese gestundeten Prämien nur mit ihrem Nettowerte als Aktiva in die Bilanz einzustellen, denn jedenfalls kosten die Prämien Einkassierungslohn. Zu dem Posten „gestundete Prämien" gehören auch bereits am Tage der Bilanz fällige Prämien, für welche Zahlungsfrist gewährt wurde.

§ 2. Gewinn.

Aus der Aufstellung der Aktiva und Passiva muß der Überschuß oder Gewinn, den das Institut im Kalenderjahre erzielte, hervorgehen; er ist unter den

Passiven mitzuführen. Er fließt aus günstigerer Sterblichkeit unter den Versicherten und höherer Verzinsung des Geldes, als das Grundschema annimmt, den Zuschlägen zur Nettoprämie, dem Rückkaufe und der Beleihung von Policen sowie etwaigen anderen Gewinn abwerfenden Geschäften. Bezüglich des Sterblichkeitsgewinnes ist zu bemerken, daß bei einer Versicherungsanstalt trotz günstigerer Sterblichkeit als derjenigen der zu Grunde gelegten Sterblichkeitstafel frühzeitiges Ableben eines außergewöhnlich hoch auf den Todesfall Versicherten oder sehr lange Lebensdauer eines übernormal versicherten Leibrentners den Sterblichkeitsgewinn nicht nur absorbieren, sondern sogar in Verlust verwandeln kann. Um dieser Gefahr zu entgehen, rückversichert die Anstalt von den großen Versicherungssummen den ihr für ihren Betrieb zu hoch und riskant erscheinenden Betrag bei einer anderen Versicherung. Die mathematische Theorie der oberen Grenze der Versicherungssumme, welche für eine Versicherungsanstalt entsprechend ihrem Geschäftsumfange zulässig ist, hat noch nicht ihren Abschluß erreicht[1].

Der erzielte Gewinn wird nach den Statuten der Versicherungsanstalt und den Landesgesetzen verwandt. Durch einen bestimmten Prozentsatz desselben werden die Sicherheitsreserven alljährlich vergrößert, ein kleiner Prozentsatz gelangt meistens an die Beamten der Versicherungsanstalt als Tantieme zur Verteilung, der übrigbleibende Teil kommt bei Versicherungsanstalten auf

[1] Vgl. Landré, Aperçu succinct des théories du plein de l'assurance: Transact. of the sec. internat. actuarial congress, London 1898, S. 110. Eine eingehende mathematische Untersuchung der Gewinnquellen der Versicherungsgesellschaften liefert die während der Drucklegung dieses Werkchens erschienene Arbeit von P. Radtke, Die Stabilität der Lebensversicherungsanstalten: Ztschr. f. d. ges. Versicherungswiss., Bd. 3, S. 399–459.

Gegenseitigkeit den Versicherten, bei Aktiengesellschaften den Aktionären zu gute; doch erlauben auch die Aktiengesellschaften den Versicherten, Versicherungen mit einem gewissen Anteil am Geschäftsgewinn gegen erhöhte Prämien abzuschließen. Die Aktionäre erhalten ihren Gewinnanteil entsprechend der Höhe des in ihrem Besitze befindlichen Aktienkapitals. Die Gewinnverteilung an die Versicherten geschieht auf sehr verschiedene Arten; im Deutschen Reiche findet sie gewöhnlich nach Verhältnis der einzelnen Jahresprämie, nach Verhältnis der Gesamtsumme der seit dem Beginn der Versicherung gezahlten Jahresprämien oder nach Verhältnis der Prämienreserve statt. Einzelne Versicherungen lassen die Versicherten die ersten Versicherungsjahre noch nicht am Gewinn teilnehmen; manche Anstalten zahlen die Gewinnanteile sofort oder nach Verlauf von 1 bis 5 Jahren, sie so lange in ihren Sicherheitsfonds haltend, bar aus oder verrechnen sie auf die Jahresprämien; andere erlauben nur, die Gewinnanteile zum Abschluß von neuen oder zur Erhöhung von bei ihnen bestehenden Versicherungen zu verwenden. (Diese letztere Einrichtung wird als Bonus bezeichnet.)

Kapitel VIII.

Versicherung auf verbundene Leben.

Unter einer Versicherung auf verbundene Leben versteht man eine Versicherung, welche von der Lebensdauer mehrerer Personen abhängt. In der Praxis sind diejenigen Versicherungen, welche durch Leben und Sterben zweier Personen bedingt sind (Witwenrente, Waisenpension), die wichtigsten. Wir beschränken uns daher auf deren Behandlung. Der bequemeren Ausdrucksweise wegen nehmen wir an, daß es sich um Versicherungen handelt, die sich auf ein Ehepaar beziehen, dessen Ehemann x-jährig, dessen Ehefrau y-jährig ist. Anstatt eines Ehepaares kann man aber auch ebensogut einen x-jährigen Vater und seinen y-jährigen Sohn, einen x-jährigen Bruder und dessen y-jährige Schwester oder irgend ein anderes Personenpaar, wovon das eine Individuum x-jährig, das andere y-jährig ist, bei den zu behandelnden Fragen als vorliegend betrachten.

Für die Prämienbestimmung ist eine Sterbetafel nötig, welche angibt, wie viele Ehepaare aus einer großen Grundmasse von Ehepaaren, bei denen der Ehemann ein bestimmtes Lebensalter und die Ehefrau ein bestimmtes Lebensalter haben, noch nach einem, zwei, u. s. w. Jahren verbunden leben. Eine solche Sterbetafel hat eine Reihe von Zahlen:

$$l_{xy},\ l_{x+1\,y+1},\ l_{x+2\,y+2},\ \ldots\ldots \qquad (125)$$

zu notieren, welche die Anzahl der überlebenden Ehepaare angeben, die aus der Grundmasse von l_{xy} Ehepaaren mit x-jährigen Ehemännern und y-jährigen Ehefrauen (x und y ganze positive Zahlen) hervorgehen und deren Ehen noch nach 1, 2, ... Jahren nicht durch den Tod gelöst sind. Die Altersdifferenz zwischen dem x-jährigen Mann und der y-jährigen Frau kann sehr verschieden sein. Man hätte für jede mögliche Altersdifferenz durch Beobachtung eine Sterbetafel herzustellen, was sehr mühsam ist und daher in der Praxis nie durchgeführt wurde. Infolgedessen greift man zu einer Hypothese. $l_x, l_{x+1}, l_{x+2}, \ldots$ seien die einer Männersterbetafel entnommenen Werte der Lebenden des Alters $x, x+1, x+2, \ldots$; $l'_y, l'_{y+1}, l'_{y+2}, \ldots$ seien die einer Frauensterbetafel entnommenen Werte der Lebenden des Alters $y, y+1, y+2, \ldots$ Aus den l_x Männern des Alters x und den l'_y Frauen des Alters y lassen sich $l_x . l'_y$ Paare kombinieren, wenn man jeden x-jährigen Mann mit jeder y-jährigen Frau einmal zusammenbringt. In analoger Weise lassen sich aus den l_{x+1} Männern des Alters $x+1$ und den l'_{y+1} Frauen des Alters $y+1$: $l_{x+1} . l'_{y+1}$ Paare mit $x+1$-jährigen Männern und $y+1$-jährigen Frauen bilden; diese Anzahl von $l_{x+1} . l'_{y+1}$ Paaren ist nach einem Jahre aus den $l_x . l'_y$ Paaren geworden. Man setzt daher:

$$l_{xy} = l_x . l'_y, \quad l_{x+1\,y+1} = l_{x+1} . l'_{y+1},$$
$$l_{x+2\,y+2} = l_{x+2} . l'_{y+2}, \ldots \qquad (126)$$

Die durch (126) gebildete Sterblichkeitstafel entspricht sicher nicht genau der Wirklichkeit; sie gilt ebenso wie für Ehepaare auch z. B. für ledige Geschwisterpaare, Bruder und Schwester, sie berücksichtigt also nicht den Einfluß der Ehe auf die Sterblichkeit. Für Personen desselben Geschlechtes, die unter gleichen Bedingungen leben, setzt man $l_{xy} = l_x . l_y$ und entnimmt l_x und l_y derselben Sterblichkeitstafel.

Von Versicherungen auf verbundene Leben behandeln wir zunächst die **Postnumerando-Verbindungsrente bis zum ersten Tode.** Ein Ehepaar, dessen Ehemann x-jährig und dessen Ehefrau y-jährig ist, erkauft eine ein Jahr nach Abschluß des Vertrages beginnende, alljährlich in der gleichen Höhe 1 bis zur Lösung der Ehe durch den Tod eines der Gatten zahlbare Leibrente durch Zahlen der einmaligen Nettoprämie a_{xy} (XXXVI): (XXXVI)

$$a_{xy} = \frac{l_{x+1\,y+1} v + l_{x+2\,y+2} v^2 + \ldots}{l_{xy}}. \qquad (127)$$

Diese Formel wird genau ebenso wie Formel (13)

hergeleitet, indem man von einer fingierten Gesellschaft von l_{xy} Ehepaaren ausgeht.

Benützt man (126), so erhält man:

$$a_{xy} = \frac{l_{x+1} \,.\, l'_{y+1}\, v + l_{x+2} \,.\, l'_{y+2}\, v^2 + \ldots\ldots}{l_x \,.\, l'_y} \,. \qquad (128)$$

Die **Pränumerando-Verbindungsrente bis zum ersten Tode**, bei welcher die Versicherungsanstalt auch bei Abschluß des Vertrages die Summe 1 zahlen muß, wird durch die einmalige Nettoprämie
(XXXVII) $\mathfrak{a}_{xy}$ (XXXVII) erworben, wobei

$$\mathfrak{a}_{xy} = a_{xy} + 1\,; \qquad (129)$$

vgl. die analoge Formel (19). Auf die verschiedenen Umformungen, welche man a_{xy} und $\mathfrak{a}_{xy}$ ebenso wie a_x und $\mathfrak{a}_x$ zu teil werden lassen kann, gehen wir des beschränkten Raumes wegen nicht ein.

Versichert sich ein Ehepaar, dessen Ehemann x-jährig und dessen Ehefrau y-jährig ist, auf eine sofort bei Abschluß des Vertrages beginnende, nur solange beide Ehegatten leben, jedoch höchstens n mal, alljährlich in der gleichen Höhe 1 zahlbare Verbindungsrente, so wird die einmalige Nettoprämie dieser n-jährigen, **kurzen oder temporären Pränumerando-Verbindungs-**
(XXXVIII) **rente** analog zu (XV) mit ${}_{|n}\mathfrak{a}_{xy}$ (XXXVIII) bezeichnet. In Analogie mit (25) findet man:

$${}_{|n}\mathfrak{a}_{xy} = \frac{l_{xy} + l_{x+1\,y+1}\, v + l_{x+2\,y+2}\, v^2 + \ldots + l_{x+n-1\,y+n-1}\, v^{n-1}}{l_{xy}} \qquad (130)$$

oder unter Benützung von (126) die Formel:

$${}_{|n}\mathfrak{a}_{xy} = \frac{l_x . l'_y + l_{x+1} l'_{y+1} v + l_{x+2} l'_{y+2} v^2 + \ldots l_{x+n-1} l'_{y+n-1} v^{n-1}}{l_x \,.\, l'_y} \,. \qquad (131)$$

Die Formel (131) setzt ebenso wie die Formel (128) nur Sterbetafeln für einzelne Individua, nicht für Paare voraus.

Sehr häufig wird in der Praxis eine einseitige Überlebensrentenversicherung abgeschlossen; es handelt sich hier um eine Leibrente, die für eine im voraus bestimmte Person eines Paares nach dem Tode der anderen Person des Paares beginnt.

(A) Ein x-jähriger Mann versichert für seine y-jährige Frau eine jährlich zahlbare Witwenpension in der Höhe 1, die am Anfange des dem Sterbejahre des Mannes folgenden Versicherungsjahres beginnt, falls die Frau zu diesem Zeitpunkt noch lebt. Die einmalige Nettoprämie dieser Versicherung wird mit $a_{x|y}$ (XXXIX) (XXXIX)
bezeichnet. Würde die Leibrente für die y-jährige Frau sofort beginnen, so würde die einmalige Nettoprämie a_y sein; die Rente wird aber nicht gezahlt, solange beide Personen leben, daher ist a_y um die einmalige Nettoprämie a_{xy} der Pränumerando-Verbindungsrente bis zum ersten Tode zu kürzen:

$$a_{x|y} = a_y - a_{xy}. \qquad (132)$$

(B) Ein x-jähriger Vater versichert für seinen y-jährigen Sohn eine jährlich zahlbare Waisenpension in der Höhe 1, die am Anfange des dem Sterbejahre des Vaters folgenden Versicherungsjahres beginnt, falls der Sohn zu diesem Zeitpunkte noch lebt und das letzte Mal dem Sohne bei Erleben seines $y+n$ten Geburtstages ausgezahlt wird. Die einmalige Nettoprämie wird gefunden gleich:

$$_{|n+1}a_y - {}_{|n+1}a_{xy}; \qquad (133)$$

denn würde die Rente für den Sohn sofort beginnen, so hätte man eine $n+1$-jährige, kurze Pränumerando-Leibrente für eine y-jährige Person, diese ist aber, da die Zahlungen bei Lebzeiten des Vaters fortfallen, um eine $n+1$-jährige, kurze Pränumerando-Verbindungsrente zu kürzen.

Um Beispiele für jährliche, gleichbleibende Prämienzahlung bei Versicherungen auf verbundene Leben zu geben, nehmen wir an, daß bei der in (A) geschilderten Witwenpension das Ehepaar, mit Abschluß des Vertrages beginnend, alljährlich dieselbe gleiche Prämie zahlen will, (a) solange beide Ehegatten gemeinsam leben, (b) ebenfalls solange beide Ehegatten gemeinsam leben, jedoch im Maximum t mal. Man hat dann Formel (73) zu verwenden. Für das dortige $\mathfrak{a}$ ist im Falle (a) $\mathfrak{a}_{xy}$, im Falle (b) $|_t\mathfrak{a}_{xy}$ zu setzen. Die jährlich gleichbleibende Nettoprämie ist im Falle (A_a): $\frac{a_{x|y}}{\mathfrak{a}_{xy}} = \frac{\mathfrak{a}_y}{\mathfrak{a}_{xy}} - 1$,

im Falle (A_b): $\frac{a_{x|y}}{|_t\mathfrak{a}_{xy}}$; denn $a_{x|y}$ ist die einmalige Nettoprämie der Versicherung.

Soll für die in (B) geschilderte Waisenpension, mit Abschluß des Vertrages beginnend, alljährlich dieselbe gleiche Prämie, solange Vater und Sohn gemeinsam leben, jedoch im Maximum t mal, bezahlt werden, so wird die jährliche Nettoprämie, wie sich aus (73) ergibt, indem man dort für $\mathfrak{a}$ setzt $|_t\mathfrak{a}_{xy}$ und den Wert der einmaligen Nettoprämie der Formel (133) entnimmt,

$$\frac{|_{n+1}\mathfrak{a}_y - |_{n+1}\mathfrak{a}_{xy}}{|_t\mathfrak{a}_{xy}}. \qquad (134)$$

Für die Prämienreserveberechnung sind die Formeln (111) und (113) zu verwenden. Die Prämienreserve für die Einheit ist m Jahre nach Abschluß des Vertrages nach (111):

$$\text{für } (A_a)\text{: } a_{x+m|y+m} - \frac{a_{x|y}}{\mathfrak{a}_{xy}} \cdot \mathfrak{a}_{x+m\,y+m}; \qquad (135)$$

für (A_b): $a_{x+m|y+m} - \frac{a_{xy}}{|_t a_{xy}} \cdot |_{t-m} a_{x+m\,y+m}$; (136)

für (B): $(|_{n-m+1} a_{y+m} - |_{n-m+1} a_{x+m\,y+m}) -$

$$- \left[\frac{|_{n+1} a_y - |_{n+1} a_{xy}}{|_t a_{xy}}\right] \cdot |_{t-m} a_{x+m\,y+m}. \quad (137)$$

Wir entwickeln noch die letzte Formel aus (111): m Jahre nach Abschluß des Vertrages ist der Vater $x+m$-, der Sohn $y+m$-jährig. Für die einmalige Prämie $A_{(m)}$ ist daher nach (133)

$$|_{n-m+1} a_{y+m} - |_{n-m+1} a_{x+m\,y+m}$$

zu setzen; die jährliche Prämie wird durch (134) gegeben. $a_{(m)}$ wird die $t-m$-jährige, kurze Pränumerando-Verbindungsrente eines $x+m$-jährigen Vaters und seines $y+m$-jährigen Sohnes.

Wir haben für die Prämienreservenberechnung bei den Formeln (135)—(137) angenommen, daß zur Zeit der Prämienreservebestimmung die beiden an der Versicherung beteiligten Personen noch gemeinsam leben. Für die Formeln (136) und (137) setzen wir auch noch $m < t$ voraus.

Ist im Falle (A) der Mann des Ehepaares zur Zeit der Prämienreservebestimmung bereits verstorben, so ist m Jahre nach Abschluß des Vertrages die Prämienreserve für die Einheit der versicherten Summe gleich a_{y+m}; hierbei ist die am Anfange des $m+1$ten Versicherungsjahres fällige Rente 1 bereits am Schlusse des $m$ten Versicherungsjahres an die Witwe, von deren Leben allein jetzt die Versicherung abhängt, zur Auszahlung gelangt angenommen. (Vgl. S. 111.)

Ist im Falle (B) der Vater bereits verstorben, so ist m Jahre nach Abschluß des Versicherungsvertrages die Prämienreserve für die Einheit der versicherten

Summe gleich $_{|n-m}a_{y+m}$; dabei ist angenommen, daß die Waise die an ihrem $y+m$ ten Geburtstage fällige Leibrente 1 bereits am Tage der Prämienreservebestimmung ausgezahlt erhalten hat.

Ist $m \geqq t$ und leben im Falle (A_b) und (B) noch beide Versicherte gemeinsam, so wird die Prämienreserve nach der S. 110 entwickelten Regel gefunden; sie wird für (A_b) gleich $a_{x+m|y+m}$, für (B) gleich

$$_{|n-m+1}\dot{a}_{y+m} - {}_{|n-m+1}a_{x+m\;y+m}.$$

Kapitalversicherungen auf den Todesfall für verbundene Leben (Überlebensversicherungen, Versicherungen auf das längste zweier Leben) werden in der Praxis selten abgeschlossen.

Für Unterstützung beim Lesen der Korrekturbogen und einige sachgemäße Bemerkungen bin ich meinem Bruder Georg Hermann Loewy zu Dank verpflichtet.

Sterblichkeitstafel 23 D. G. M u. W I.

Normal versicherte Männer und Frauen mit vollständiger ärztlicher Untersuchung.

Alter Jahre x	Sterbenswahrscheinlichkeit q_x	Anzahl der Lebenden l_x	Anzahl der jährlichen Sterbefälle $d_x = l_x - l_{x+1}$
17	0,00886	102787	909
18	0,00920	101878	936
19	0,00934	100942	942
20	0,00920	100000	919
21	0,00917	99081	908
22	0,00903	98173	887
23	0,00884	97286	861
24	0,00866	96425	835
25	0,00854	95590	816
26	0,00848	94774	804
27	0,00848	93970	797
28	0,00854	93173	795
29	0,00867	92378	800
30	0,00883	91578	808
31	0,00901	90770	818
32	0,00923	89952	831
33	0,00945	89121	841
34	0,00970	88280	856
35	0,00998	87424	873
36	0,01027	86551	889
37	0,01059	85662	906
38	0,01095	84756	928
39	0,01133	83828	950
40	0,01177	82878	975

Alter Jahre x	Sterbenswahrscheinlichkeit q_x	Anzahl der Lebenden l_x	Anzahl der jährlichen Sterbefälle $d_x = l_x - l_{x+1}$
41	0,01229	81903	1006
42	0,01279	80897	1035
43	0,01332	79862	1063
44	0,01385	78799	1092
45	0,01437	77707	1117
46	0,01489	76590	1140
47	0,01550	75450	1169
48	0,01621	74281	1204
49	0,01706	73077	1246
50	0,01814	71831	1303
51	0,01931	70528	1362
52	0,02061	69166	1425
53	0,02199	67741	1490
54	0,02349	66251	1556
55	0,02505	64695	1621
56	0,02680	63074	1691
57	0,02867	61383	1759
58	0,03073	59624	1832
59	0,03289	57792	1900
60	0,03536	55892	1976
61	0,03782	53916	2038
62	0,04042	51878	2097
63	0,04317	49781	2149
64	0,04613	47632	2197
65	0,04943	45435	2246
66	0,05329	43189	2302
67	0,05762	40887	2355
68	0,06226	38532	2399
69	0,06731	36133	2432
70	0,07276	33701	2452
71	0,07856	31249	2455
72	0,08459	28794	2436

Alter Jahre x	Sterbenswahrscheinlichkeit q_x	Anzahl der Lebenden l_x	Anzahl der jährlichen Sterbefälle $d_x = l_x - l_{x+1}$
73	0,09130	26358	2406
74	0,09854	23952	2360
75	0,10649	21592	2299
76	0,11451	19293	2210
77	0,12312	17083	2103
78	0,13233	14980	1982
79	0,14219	12998	1848
80	0,15514	11150	1730
81	0,16974	9420	1599
82	0,18451	7821	1443
83	0,19825	6378	1264
84	0,21112	5114	1080
85	0,222	4034	896
86	0,22805	3138	715
87	0,23368	2423	566
88	0,23788	1857	442
89	0,24316	1415	

FSC
www.fsc.org
MIX
Papier | Fördert
gute Waldnutzung
FSC® C083411

Kolibri 360 GmbH
Ferdinand-Jühlke-Straße 7
99095 Erfurt, Deutschland
produktsicherheit@kolibri360.de